プレキャスト複合コンクリート
施工指針・同解説

Recommendations for Construction Practice of
Reinforced Concrete with Half Precast Concrete Members

2004 制 定
2019 改 定

日本建築学会

本書のご利用にあたって

　本書は，作成時点での最新の学術的知見をもとに，技術者の判断に資する標準的な考え方や技術の可能性を示したものであり，法令等の根拠を示すものではありません．ご利用に際しては，本書が最新版であることをご確認ください．なお，本会は，本書に起因する損害に対して一切の責任を負いません．

ご案内

　本書の著作権・出版権は(一社)日本建築学会にあります．本書より著書・論文等への引用・転載にあたっては必ず本会の許諾を得てください．
Ⓡ＜学術著作権協会委託出版物＞
　本書の無断複写は，著作権法上での例外を除き禁じられています．本書を複写される場合は，学術著作権協会（03-3475-5618）の許諾を受けてください．

一般社団法人　日本建築学会

序
——2019 年 10 月改定（第 2 版）——

　プレキャスト複合コンクリート工法は，プレキャスト鉄筋コンクリート部材による安定した品質の確保，現場打ちコンクリートによる構造体としての一体性・連続性，せき板の削減による環境負荷低減および施工の合理化・省力化を同時に実現した特徴的な工法です．その反面，本工法の導入にあたっては留意すべき事項があり，適切な施工計画，作業手順・方法および品質管理を行う必要があります．このため，本会では，1997 年の JASS 5 の大改定で「プレキャスト複合コンクリート」の節を新たに設け，さらに，2004 年に「プレキャスト複合コンクリート施工指針（案）・同解説」を制定しました．その後，本工法は広く普及し，現在では一般的な工法となりつつあります．

　しかしながら，指針（案）の制定から 10 年以上が経過し，その間に本工法の技術が進歩するとともに，適用領域が広がってきました．また，本会の JASS 5 および JASS 10 の改定，関連指針の制定・改定，関連 JIS の改正などが行われ，それらとの整合を図る必要が生じてきました．

　そこで，本会では，材料施工委員会・鉄筋コンクリート工事運営委員会の傘下に「プレキャスト複合コンクリート施工指針改定小委員会（2016〜2019 年）」を設置して，指針（案）の改定作業を進めました．以下に，今回の主な改定点を示します．

　（1）　プレキャスト複合コンクリート工事の実績が十分に蓄積され，現在では主要構造部材の違いによる差異が見られなくなってきた．このため，適用範囲を JASS 5 の範疇にあるプレキャスト複合コンクリート工事に限定せず，JASS 5 および JASS 10 の両方の範疇にあるプレキャスト複合コンクリート工事に拡充した．

　（2）　全体の構成を見直し，実際の施工の流れに沿った章立てにした．

　（3）　一般の鉄筋コンクリート部材に用いられる現場打ちコンクリートとの区別を明確にするため，ハーフプレキャスト部材と一体化してプレキャスト複合コンクリートを形成するために施工現場で後から打ち込まれるコンクリートを「後打ちコンクリート」と定義した．

　（4）　プレキャスト複合コンクリート部材，ハーフプレキャスト部材および後打ちコンクリート部分に分け，それぞれに必要な性能および品質を明確化した．

　（5）　ハーフプレキャスト部材と後打ちコンクリートの一体性の検査について，最新の研究成果および技術的な知見を盛り込んだ．

　（6）　最新の JASS 5，JASS 10，関連 JIS などとの整合を図った．

　以上のように，最新の技術情報を取り込むとともに，利用者にとって使いやすい指針を目指して改定しました．プレキャスト複合コンクリート工事のさらなる発展に広く活用していただければ幸いです．

2019 年 10 月

日本建築学会

序
——2004 年 4 月（第 1 版）——

　プレキャスト複合コンクリート工法は，プレキャスト鉄筋コンクリート半製品（これをハーフプレキャストコンクリート部材，略してハーフ PCa 部材という）を構造体または部材の断面の一部として用い，それに後から現場打ちコンクリートを打ち込んで一体化させ，構造体または部材を構成する工法です．近年，建築工事現場における施工の合理化および安定した品質の確保を目的として，高層集合住宅をはじめとする大規模な鉄筋コンクリート工事に多く適用されるようになってきました．

　本会では，1996 年に材料施工委員会にプレキャスト化コンクリート研究小委員会を発足させ，1997 年の JASS 5 の大改定で 21 節「プレキャスト複合コンクリート」を制定しました．さらに，この工法の適切な普及のために，施工指針の作成が急がれたので，1998 年にプレキャスト化コンクリート研究小委員会を改組してプレキャスト複合コンクリート工事研究小委員会を設置し，指針作成に取りかかってまいりました．

　プレキャスト複合コンクリート工法は，今後の建築工事現場の施工の合理化に必要不可欠な工法ですが，一方，ハーフ PCa 部材と現場打ちコンクリートとを一体化させる必要があり，適用にあたっては検討すべき事項が多い工法でもあります．本指針（案）においては，設計者と施工者とで十分に協議して作成する施工計画の内容，ハーフ PCa 部材と現場打ちコンクリートとの一体性確保，ハーフ PCa 部材同士の接合部の補強方法，ハーフ PCa 部材で覆れる現場打ちコンクリート部分に配置される鉄筋，現場打ちコンクリートの充填性の確保とその確認方法などについて詳述しています．また，付録にハーフ PCa 部材同士および現場打ちコンクリートとの接合部分の詳細についても多数の例を示しました．

　プレキャスト複合コンクリート工法は，今後ますます適用される事例が増加することが予想されます．また，多種多様なハーフ PCa 部材が出現することが考えられます．しかし，ハーフ PCa 部材を用いるプレキャスト複合コンクリート工法の基本は，ハーフ PCa 部材と現場打ちコンクリートとの一体性の確保であり，品質の安定，現場作業の省力化や工期短縮に寄与することが重要であり，本指針（案）で示した原則は，それほど変わることはないと考えられます．本指針（案）が，プレキャスト複合コンクリートの適切な普及に役立ち，鉄筋コンクリート造建築物の品質の安定につながれば幸いです．

2004 年 4 月

日本建築学会

指針作成関係委員 (2019 年 10 月)

― （五十音順・敬称略） ―

材料施工委員会本委員会

委　員　長	橘 高 義 典	
幹　　　事	黒 岩 秀 介　　興 石 直 幸　　野 口 貴 文　　横 山　　裕	
委　　　員	（省略）	

鉄筋コンクリート工事運営委員会

主　　　査	野 口 貴 文			
幹　　　事	井 上 和 政	兼 松　　学	杉 山　　央	
委　　　員	荒 井 正 直	今 本 啓 一	岩 清 水　　隆	内 野 井 宗 哉
	梅 本 宗 宏	大 岡 督 尚	大 久 保 孝 昭	小 野 里 憲 一
	鹿 毛 忠 継	河 辺 伸 二	橘 高 義 典	黒 岩 秀 介
	黒 田 泰 弘	神 代 泰 道	小 山 智 幸	桜 本 文 敏
	陣 内　　浩	鈴 木 澄 江	高 橋 俊 之	巽　　誉 樹
	棚 野 博 之	谷 口　　円	玉 石 竜 介	檀　　康 弘
	寺 西 浩 司	冨 岡 裕 史	中 川 昇 一	中 川　　崇
	永 田　　敦	中 田 善 久	成 川 史 春	西 尾 悠 平
	西 脇 智 哉	橋 田　　浩	濱　　幸 雄	濱 崎 仁
	原 田 修 輔	丸 山 一 平	湯 浅　　昇	依 田 和 久
	渡 辺 一 弘	渡 部　　憲		

プレキャスト複合コンクリート施工指針改定小委員会

主　　　査	杉 山　　央			
幹　　　事	藤 本 郷 史	渡 邉 悟 士		
委　　　員	荒 金 直 樹	大 野 吉 昭	川 村 敏 規	橘 高 義 典
	中 澤 春 生	蓮 尾 孝 一	（長谷川 拓 哉）	濱 崎 仁

＊（　　　　）は元委員

解説執筆委員

全体調整
　　　杉　山　　央　藤　本　郷　史　渡　邉　悟　士
1章　総　　則
　　　藤　本　郷　史　杉　山　　央
2章　プレキャスト複合コンクリートの性能および品質
　　　渡　邉　悟　士　杉　山　　央
3章　施　工　計　画
　　　藤　本　郷　史　川　村　敏　規　渡　邉　悟　士
4章　ハーフプレキャスト部材の製造
　　　大　野　吉　昭　川　村　敏　規　杉　山　　央
5章　ハーフプレキャスト部材の受入れ・仮置きおよび組立て・接合
　　　川　村　敏　規　中　澤　春　生　大　野　吉　昭
6章　ハーフプレキャスト部材の支保工工事
　　　蓮　尾　孝　一　藤　本　郷　史
7章　後打ちコンクリート部分の型枠工事
　　　渡　邉　悟　士　蓮　尾　孝　一
8章　後打ちコンクリート部分の鉄筋工事
　　　中　澤　春　生　橘　高　義　典
9章　後打ちコンクリート工事
　　　荒　金　直　樹　渡　邉　悟　士　濱　崎　　仁
10章　プレキャスト複合コンクリートの品質管理・検査
　　　濱　崎　　仁　荒　金　直　樹　渡　邉　悟　士
付　　　録
　　　渡　邉　悟　士　藤　本　郷　史

プレキャスト複合コンクリート施工指針・同解説

目　　次

1章　総　　則

		本 文 ページ	解 説 ページ
1.1	適用範囲および原則 ……………………………………………	1	… 19
1.2	用　　語 ………………………………………………………	1	… 27

2章　プレキャスト複合コンクリートの性能および品質

2.1	総　　則 ………………………………………………………	2	… 30
2.2	プレキャスト複合コンクリート部材の性能および品質 …………	2	… 30
2.3	ハーフプレキャスト部材の性能および品質 …………………	2	… 33
2.4	後打ちコンクリート部分の性能および品質 …………………	3	… 38

3章　施 工 計 画

3.1	総　　則 ………………………………………………………	4	… 41
3.2	施工計画書 ……………………………………………………	4	… 41

4章　ハーフプレキャスト部材の製造

4.1	総　　則 ………………………………………………………	4	… 57
4.2	製 造 設 備 ……………………………………………………	5	… 58
4.3	材料および部品 ………………………………………………	5	… 59
4.4	コンクリートの調合および製造 ……………………………	5	… 63
4.5	ハーフプレキャスト部材製造用型枠 ………………………	5	… 67
4.6	鋼材・鉄筋・溶接金網の加工・組立ておよび先付部品などの取付け ……………	5	… 69
4.7	コンクリートの打込み・締固めおよび打込み面の仕上げ …………	5	… 70
4.8	コンクリートの養生および脱型 ……………………………	6	… 71
4.9	製 品 検 査 ……………………………………………………	6	… 73
4.10	貯蔵・出荷・運搬 ……………………………………………	6	… 74

5章　ハーフプレキャスト部材の受入れ・仮置きおよび組立て・接合

5.1	総　　則 ………………………………………………………	6	… 77
5.2	受入れ・仮置き ………………………………………………	6	… 81
5.3	組立て・接合 …………………………………………………	7	… 82
5.4	受入れおよび組立て・接合の品質管理・検査 ……………………	8	… 94

6章　ハーフプレキャスト部材の支保工工事

6.1　総　　　則 …………………………………………………………… 8 … 95
6.2　支保工の材料・種類 ………………………………………………… 8 … 97
6.3　支保工の組立て ……………………………………………………… 8 … 98
6.4　水平部材を支える支保工の存置期間 ……………………………… 9 …105
6.5　支保工の品質管理・検査 …………………………………………… 8 …106

7章　後打ちコンクリート部分の型枠工事

7.1　総　　　則 …………………………………………………………… 9 …107
7.2　型枠の材料・加工・組立て ………………………………………… 9 …107
7.3　型枠の存置期間 ……………………………………………………… 10 …110
7.4　型枠の取外し ………………………………………………………… 10 …111
7.5　型枠の品質管理・検査 ……………………………………………… 10 …111

8章　後打ちコンクリート部分の鉄筋工事

8.1　総　　　則 …………………………………………………………… 10 …112
8.2　鉄筋の材料および品質 ……………………………………………… 10 …112
8.3　鉄筋の加工および組立て …………………………………………… 10 …113
8.4　接合部補強筋 ………………………………………………………… 11 …114
8.5　鉄筋工事の品質管理・検査 ………………………………………… 11 …115

9章　後打ちコンクリート工事

9.1　総　　　則 …………………………………………………………… 11 …116
9.2　後打ちコンクリートの種類・材料および調合 …………………… 11 …117
9.3　後打ちコンクリートの発注・製造および受入れ ………………… 11 …118
9.4　後打ちコンクリートの運搬・打込みおよび締固め ……………… 12 …119
9.5　コンクリートの仕上げおよび養生 ………………………………… 12 …126
9.6　コンクリートの品質管理および検査 ……………………………… 13 …127

10章　プレキャスト複合コンクリートの品質管理・検査

10.1　総　　　則 …………………………………………………………… 13 …128
10.2　ハーフプレキャスト部材の製造の品質管理・検査 ……………… 13 …128
10.3　ハーフプレキャスト部材の受入れおよび組立て・接合の品質管理・検査 ……… 14 …131
10.4　ハーフプレキャスト部材の支保工工事の品質管理・検査 ……… 16 …137
10.5　後打ちコンクリート部分の型枠工事の品質管理・検査 ………… 16 …138
10.6　後打ちコンクリート部分の鉄筋工事の品質管理・検査 ………… 16 …138

10.7 後打ちコンクリート工事の品質管理・検査 …………………………………… 16 …138

10.8 プレキャスト複合コンクリートの部材の品質管理・検査 …………………… 16 …139

資　　料………………………………………………………………………………… 145

プレキャスト複合コンクリート
施工指針

プレキャスト複合コンクリート施工指針

1章 総　　則

1.1　適用範囲および原則

a．本指針は，プレキャスト複合コンクリートを用いる鉄筋コンクリート工事に適用する．

b．本指針に記載のない事項については，本会「建築工事標準仕様書・同解説　JASS 5　鉄筋コンクリート工事」（以下，JASS 5 という）および「建築工事標準仕様書・同解説　JASS 10　プレキャスト鉄筋コンクリート工事」（以下，JASS 10 という）による．

c．プレキャスト複合コンクリートの適用にあたっては，JASS 5 および JASS 10 のプレキャスト複合コンクリートに関連する規定を基本に，必要な事項を定める．

1.2　用　　語

本指針で用いる用語は，JIS A 0203（コンクリート用語），JASS 5 および JASS 10 によるほか，次による．

プレキャスト複合コンクリート：構造体または部材の断面の一部にプレキャスト鉄筋コンクリート半部材を用い，これと施工現場で後から打ち込んだコンクリートを一体化することで構造体または部材として形成されたコンクリート

プレキャスト複合コンクリート部材：プレキャスト複合コンクリートを用いた鉄筋コンクリート部材

ハーフプレキャスト部材：プレキャスト複合コンクリート部材の断面の一部として用いられるプレキャスト鉄筋コンクリート半部材

ハーフプレキャスト部材コンクリート：ハーフプレキャスト部材として硬化したコンクリート

後打ちコンクリート：ハーフプレキャスト部材と一体化してプレキャスト複合コンクリートを形成するために，施工現場で後から打ち込まれるコンクリート

後打ちコンクリート部分：後打ちコンクリートを用いた鉄筋コンクリート部分

接合面補強筋：ハーフプレキャスト部材と後打ちコンクリート部分との接合面の一体化を補強する鉄筋

接合部補強筋：ハーフプレキャスト部材どうしの接合，またはハーフプレキャスト部材と周辺の

―2― プレキャスト複合コンクリート施工指針

部材との接合を補強する鉄筋

2章　プレキャスト複合コンクリートの性能および品質

2.1　総　　則

a．本章は，プレキャスト複合コンクリート部材，ならびにそれを構成するハーフプレキャスト部材および後打ちコンクリート部分に適用する．

b．プレキャスト複合コンクリート部材は，所要の構造安全性，耐久性，耐火性および使用性ならびに所定の寸法精度および仕上がり状態を有するものとする．

2.2　プレキャスト複合コンクリート部材の性能および品質

a．プレキャスト複合コンクリートの設計基準強度は，$18\,\mathrm{N/mm^2}$ 以上，$60\,\mathrm{N/mm^2}$ 以下とする．

b．プレキャスト複合コンクリートの計画供用期間の級は，JASS 5 の 2 節および JASS 10 の 2 節による．また，耐久設計基準強度は，JASS 5 の 3 節および JASS 10 の 3 節による．

c．ハーフプレキャスト部材コンクリートおよび後打ちコンクリートのヤング係数は，ともにプレキャスト複合コンクリートの所定の条件を満足するものとする．

d．プレキャスト複合コンクリートに気乾単位容積質量による種類が異なるコンクリートを併用する場合は，構造安全性上および耐久性上支障のないことを試験または信頼できる資料によって確かめる．

e．プレキャスト複合コンクリートを海水の作用，激しい凍結融解作用，酸性土壌，硫酸塩およびその他の侵食性物質，または熱の作用などの特殊な劣化作用を受けるコンクリートに適用する場合には，耐久性上支障のないことを試験または信頼できる資料によって確かめる．

f．プレキャスト複合コンクリート部材を構成するハーフプレキャスト部材と後打ちコンクリート部分は，後打ちコンクリートの充填性が確保され，十分な一体性を有するものとする．

g．プレキャスト複合コンクリート部材の最小かぶり厚さは，JASS 5 の 3 節および JASS 10 の 3 節による．

2.3　ハーフプレキャスト部材の性能および品質

a．ハーフプレキャスト部材コンクリートの設計基準強度，耐久設計基準強度および品質基準強度は，下記（1），（2）および（3）による．

（1）　設計基準強度は，プレキャスト複合コンクリートの設計基準強度以上とする．

（2）　耐久設計基準強度は，プレキャスト複合コンクリートの耐久設計基準強度以上とし，JASS 10 の 3 節による．

（3）　品質基準強度は，JASS 10 の 3 節による．

b．コンクリートの圧縮強度は，JASS 10 の 3 節による．

c．調合強度を定める材齢は，28 日を標準とする．

d．コンクリートのヤング係数は，JASS 10 の 3 節による．

e．コンクリートの耐久性に関する規定は，JASS 10 の 3 節による．

f．ハーフプレキャスト部材は，所要の寸法精度を有し，先付部品類は，所定の位置に所要の精度で取り付けられていなければならない．

g．ハーフプレキャスト部材は，構造安全性上，耐久性上，防水上および美観上支障となるひび割れ，破損などがないものとする．

h．後打ちコンクリート部分との接合面の形状および仕上げは，ハーフプレキャスト部材と後打ちコンクリート部分との一体性が確保されるものとする．周辺の部材との接合部の形状および仕上げは，接合部の所要の性能を満足するものとする．

i．先付部品類は，構造安全性上，機能上および外観上の支障となる曲がり，損傷，ずれ，ゆがみなどがないものとする．

j．ハーフプレキャスト部材の仕上がり面は，内外装仕上げ上，耐久性上および美観上の支障となる気泡，豆板，不陸，汚れなどの欠点がないものとする．

k．プレキャスト複合コンクリート部材の外部に面する部分のハーフプレキャスト部材の最小かぶり厚さは，2.2 g による．また，設計かぶり厚さは，最小かぶり厚さに 5 mm を加えた値以上とする．

2.4　後打ちコンクリート部分の性能および品質

a．後打ちコンクリートの設計基準強度，耐久設計基準強度および品質基準強度は，下記（1），（2）および（3）による．

（1）　設計基準強度は，プレキャスト複合コンクリートの設計基準強度以上とする．

（2）　耐久設計基準強度は，プレキャスト複合コンクリートの耐久設計基準強度以上とする．

（3）　品質基準強度は，JASS 5 の 3 節による．

b．コンクリートの使用材料，施工条件，要求性能などによる種類は，JASS 5 による．

c．コンクリートのスランプまたはスランプフローは，JASS 5 の 3 節による．

d．コンクリートの圧縮強度は，JASS 5 の 3 節による．

e．コンクリートのヤング係数は，JASS 5 の 3 節による．

f．コンクリートは，ハーフプレキャスト部材との接合面および周辺の部材との接合部において，収縮による耐久性上有害なひび割れが生じないものとする．

g．コンクリートの耐久性に関する規定は，JASS 5 の 3 節による．

h．後打ちコンクリート部分の設計かぶり厚さは，JASS 5 の 3 節による．ただし，プレキャスト部材に挟まれた後打ちコンクリート部分の設計かぶり厚さは，プレキャスト複合コンクリートの最小かぶり厚さに 5 mm を加えた値以上とする．

3章　施工計画

3.1　総　　則

a．本章は，プレキャスト複合コンクリートの施工計画に適用する．

b．施工計画では，ハーフプレキャスト部材と後打ちコンクリート部分の一体性が確保できるように工法を立案する．

3.2　施工計画書

a．施工者は，工事開始前に，設計図書に示されたプレキャスト複合コンクリートの構法を確認して，プレキャスト複合コンクリート工事を含む鉄筋コンクリート工事の施工図および施工計画書を作成し，工事監理者の承認を受ける．

b．施工計画書には，次の事項を記載する．

（1）　組織体制
（2）　工程計画
（3）　仮設計画
（4）　ハーフプレキャスト部材の製造・運搬計画
（5）　ハーフプレキャスト部材の組立て・接合および支保工計画
（6）　後打ちコンクリート部分の施工計画
（7）　品質管理計画
（8）　安全管理計画

4章　ハーフプレキャスト部材の製造

4.1　総　　則

a．本章は，ハーフプレキャスト部材の製造および製造管理に適用する．

b．ハーフプレキャスト部材の製造に先立ち，設計図書を基に部材製造図および割付け図を作成する．

c．ハーフプレキャスト部材の製造は，施工計画書に基づいて，ハーフプレキャスト部材製造要領書を作成して行う．

4.2 製造設備

製造設備は，JASS 10 の 6 節による．

4.3 材料および部品

a．コンクリートの材料は，JASS 10 の 4 節による．

b．鉄筋，溶接金網・鉄筋格子および鋼材は，JASS 10 の 4 節による．

c．接合面補強筋としてのトラス筋の上弦材および下弦材は，JIS G 3112 に適合するものを用いる．また，ラチス筋は，JIS G 3112 または JIS G 3532 に適合するものを用いる．

d．接合用金物は，JASS 10 の 4 節による．

e．ハーフプレキャスト部材の吊上げに使用する金物，組立て用斜めサポートなどを取り付ける埋込金物は，JASS 10 の 4 節による．

f．先付部品は，JASS 10 の 4 節による．

g．材料および部品の取扱いおよび貯蔵は，JASS 10 の 4 節による．

h．材料および部品の試験・検査は，10.2 による．

4.4 コンクリートの調合および製造

a．コンクリートの調合は，2.3 の条件を満足するものとし，JASS 10 の 5 節による．

b．コンクリートの製造は，JASS 10 の 6 節による．

4.5 ハーフプレキャスト部材製造用型枠

a．型枠は，JASS 10 の 6 節による．

b．型枠の製作および組立ては，JASS 10 の 6 節による．

4.6 鋼材・鉄筋・溶接金網の加工・組立ておよび先付部品などの取付け

a．鋼材，鉄筋，鉄筋格子および溶接金網などの加工・組立ては，JASS 10 の 6 節による．

b．接合用金物，吊上用金物，埋込金物，先付部品などは，部材製造図に従って正確に配置し，コンクリートの打込み，締固め中に移動しないように固定する．

4.7 コンクリートの打込み・締固めおよび打込み面の仕上げ

a．コンクリート打込み前の検査は，10.2 による．

b．コンクリートの打込みおよび締固めは，JASS 10 の 6 節による．

c．コンクリート打込み面の仕上げおよび表面処理の種類・方法は，JASS 10 の 6 節による．

d．ハーフプレキャスト部材の後打ちコンクリート部分との接合面は，接合面補強筋，コッターの配置，くし引き，はけ引き仕上げなどにより十分な一体性が得られるようにする．

― 6 ―　　プレキャスト複合コンクリート施工指針

4.8　コンクリートの養生および脱型

　ａ．コンクリートの打込みから脱型までの養生は，JASS 10 の 6 節による.

　ｂ．脱型および吊上げは，JASS 10 の 6 節による.

　ｃ．コンクリートの湿潤養生は，JASS 10 の 6 節による.

4.9　製 品 検 査

　ハーフプレキャスト部材の製品検査は，10.2 による.

4.10　貯蔵・出荷・運搬

　ａ．製品検査に合格したハーフプレキャスト部材の貯蔵および養生は，JASS 10 の 7 節による.
　なお，鉄筋が露出した部分は，有害な錆が生じないようにする.

　ｂ．製品を移動する場合は，部材の強度や剛性を考慮し，有害な変形および破損が生じないよう
　に行う.

　ｃ．ハーフプレキャスト部材の出荷は，JASS 10 の 7 節による.

　ｄ．ハーフプレキャスト部材の運搬は，JASS 10 の 7 節による.

5章　ハーフプレキャスト部材の受入れ・仮置きおよび組立て・接合

5.1　総　　　則

　ａ．本章は，ハーフプレキャスト部材の受入れ・仮置きおよび組立て・接合に適用する.

　ｂ．ハーフプレキャスト部材の受入れ・仮置きおよび組立て・接合は，施工計画書に基づいて，
　施工要領書を作成して行う.

　ｃ．ハーフプレキャスト部材の組立て・接合は，作業指揮者を定め，その指示に従って行う.

　ｄ．作業指揮者は，作業開始前に施工要領書に定めた作業内容を関係者に周知徹底させる.

5.2　受入れ・仮置き

　ａ．ハーフプレキャスト部材の受入れにあたっては，部材名称および製造工場の検査済の表示を
　確認するとともに，運搬中に生じたひび割れ，破損，変形などの検査を行う．検査に合格しな
　いハーフプレキャスト部材は，受け入れない.

　ｂ．ハーフプレキャスト部材を施工現場に仮置きする時は，形状や断面寸法，突出物などを考慮
　し，架台を設けるなどして，部材に有害なひび割れ，破損，変形，汚れなどが生じないように
　するとともに，安全対策を講じる.

5.3 組立て・接合

a． ハーフプレキャスト部材の組立作業は，施工要領書に基づいて行う．

b． ハーフプレキャスト部材の接合は，種類および方法を箇所別に設計図書で確認し，施工要領書に基づいて行う．

c． 鉄筋および鋼材の接合は，機械式継手，溶接接手，溶接接合，ガス圧接継手または重ね継手，高力ボルト接合またはボルト接合とし，JASS 10 の 10 節による．

d． 鉛直のハーフプレキャスト部材の組立て・接合は，所要の性能が確保できるように，下記（1）～（5）に留意して行う．

（1）　ハーフプレキャスト部材は，所定の位置に所要の精度で設置し，倒れや目違いが生じないように組み立てる．

（2）　ハーフプレキャスト部材どうしの接合部，またはハーフプレキャスト部材と周辺の部材との接合部に接合部補強筋を配筋する場合には，コンクリートの打込みなどによってずれたり脱落したりしないように堅固に取り付ける．

（3）　ハーフプレキャスト部材と後打ちコンクリート部分の一体性は，接合面補強筋やコッターなどにより確保する．接合面補強筋やコッターなどは，有害な変形や破損などが生じないようにする．

（4）　ハーフプレキャスト部材間の目地は所定の幅とし，内側端部にテーパーを設けるなどして，その間隙に後打ちコンクリートが確実に充填されるようにする．また，目地からセメントペーストやモルタルを漏出させない措置を講じる．

（5）　ハーフプレキャスト部材は，後打ちコンクリートの側圧やその他の外力により，有害なひび割れ・破損やずれなどが生じないように組立用斜めサポートや支保工などで固定する．

e． 水平のハーフプレキャスト部材の組立て・接合は，所要の性能が確保できるように，下記（1）～（5）に留意して行う．

（1）　ハーフプレキャスト部材を現場打ちコンクリート部分で支持する場合は，その現場打ちコンクリートが所定の強度に達したことを確認した後に組み立てる．

（2）　ハーフプレキャスト部材を支保工などによって支持する場合は，支保工などの位置，高さおよび安全性などを確認し，所定の位置に設置し，組み立て，接合する．

（3）　ハーフプレキャスト部材のかかり代は，構造性能および施工時の安全性を考慮して設定する．

（4）　ハーフプレキャスト部材どうしの接合部，またはハーフプレキャスト部材と周辺の部材との接合部に接合部補強筋を配筋する場合には，コンクリートの打込みなどによって移動しないように固定する．

（5）　ハーフプレキャスト部材間の目地は，所定の幅とし，内側端部にテーパーを設けるなどして，その間隙に後打ちコンクリートが確実に充填されるようにする．また，目地からセメントペーストやモルタルを漏出させない措置を講じる．

―8―　プレキャスト複合コンクリート施工指針

5.4　受入れおよび組立て・接合の品質管理・検査

ハーフプレキャスト部材の受入れおよび組立て・接合の品質管理・検査は，10.3 による．

6章　ハーフプレキャスト部材の支保工工事

6.1　総　　則

a．本章は，プレキャスト複合コンクリート工事におけるハーフプレキャスト部材の支保工の組立ておよび取外しに適用する．

b．ハーフプレキャスト部材の支保工の組立て・取外し作業は，施工計画書に基づいて，安全計画を含む施工要領書を作成して行う．

c．ハーフプレキャスト部材の支保工の組立て・取外しは，作業指揮者を定め，その指示によって行う．

d．ハーフプレキャスト部材に使用する支保工は，強度・剛性，組立精度，調整機能，作業性などに関して，所要の性能を有するものでなければならない．

6.2　支保工の材料・種類

支保工の材料・種類は，JASS 5 の 9 節による．

6.3　支保工の組立て

a．支保工は，プレキャスト複合コンクリートの使用目的・部位などに応じて，適切な工法を選択し，所定の位置に精度良く，堅固に組み立てる．

b．支保工は，ハーフプレキャスト部材の重量のほか，後打ちコンクリート部分・機具・足場・作業員などの重量，後打ちコンクリート打込みなどの作業にともなう振動・衝撃による荷重，上階から伝達される荷重，地震・風による荷重に耐えるものでなければならない．また，支保工の強度および剛性の計算は，JASS 5 の 9 節による．

c．支保工は，プレキャスト複合コンクリートがひび割れや所定の寸法許容差を超えるたわみまたは誤差などを生じないように配置する．また，構造体の精度を確保するために，ハーフプレキャスト部材の組立て前後に精度の調整が可能となる構造とする．

d．鉛直部材を支える支保工は，下記（1）および（2）の事項に留意して施工する．

（1）　ハーフプレキャスト部材に作用する水平荷重に耐え，かつ所要の組立精度を確保できるように，斜めサポート等を使用する．

（2）　柱や壁のハーフプレキャスト部材は，締付金物や支保工によって，後打ちコンクリートの側圧に耐えるようにする．

e．水平部材を支える支保工は，下記（1）および（2）の事項に留意して施工する．

（1）　床や梁のハーフプレキャスト部材に作用する鉛直荷重と，梁の側面や柱・梁の交差部の側面に作用する水平荷重に耐えるものとする．

（2）　梁のハーフプレキャスト部材は，締付金物や支保工によって水平荷重や後打ちコンクリートの側圧に耐えるようにする．

6.4　水平部材を支える支保工の存置期間

ａ．水平部材を支える支保工の存置期間は，後打ちコンクリートの強度が設計基準強度に達したことが確認されるまでとする．

ｂ．支保工除去後，その部材に加わる荷重が構造計算書におけるその部材の設計荷重を上回る場合には，上記ａ．で定める存置期間にかかわらず，計算によって十分安全であることを確かめた後に取り外す．

ｃ．上記ａ．で定める存置期間より早く支保工を取り外す場合は，対象とする部材が，支保工を取り外した後に，その部材に加わる荷重を安全に支持できるだけの強度を適切な計算方法から求め，後打ちコンクリートの圧縮強度がその強度を上回ることを確認しなければならない．ただし，取外し可能な強度は，この計算結果にかかわらず最低 $12\,\mathrm{N/mm^2}$ 以上としなければならない．

ｄ．支柱の盛替えは，原則として行わない．やむを得ず盛替えを行う必要が生じた場合は，その範囲と方法を定めて，工事監理者の承認を受ける．

ｅ．片持梁下または片持スラブ下の支保工の存置期間は，上記ａ．，ｂ．に準ずる．

6.5　支保工の品質管理・検査

ハーフプレキャスト部材の支保工の品質管理・検査は，10.4 による．

7章　後打ちコンクリート部分の型枠工事

7.1　総　　則

ａ．本章は，後打ちコンクリート部分に使用する型枠の材料，加工，組立ておよび取外しに適用する．

ｂ．型枠の加工，組立ておよび取外しは，施工計画書に基づいて，施工要領書を作成して行う．

7.2　型枠の材料・加工・組立て

ａ．せき板，支保工，締付け金物などの材料・種類は，JASS 5 の 9 節による．

ｂ．型枠の加工・組立ては，JASS 5 の 9 節によるほか，下記（1）および（2）による．

（1）　ハーフプレキャスト部材と後打ちコンクリート部分とが同一面上で連続する場合は，そ

— 10 —　プレキャスト複合コンクリート施工指針

の仕上がりが所要の平たんさを満足するように型枠を組み立てる.

（2）　ハーフプレキャスト部材間，ハーフプレキャスト部材と周辺の部材との間およびハーフ
プレキャスト部材とせき板の間では，セメントペーストまたはモルタルを漏出させるよう
なすき間やずれなどが生じないように型枠を堅固に組み立てる.

7.3　型枠の存置期間

型枠の存置期間は，JASS 5 の 9 節による.

7.4　型枠の取外し

型枠の取外しは，JASS 5 の 9 節による.

7.5　型枠の品質管理・検査

型枠の品質管理・検査は，10.5 による.

8章　後打ちコンクリート部分の鉄筋工事

8.1　総　　　則

a．本章は，後打ちコンクリート部分の鉄筋の加工・組立てに適用する.

b．鉄筋の加工および組立ては，施工計画書に基づいて，施工要領書を作成して行う.

8.2　鉄筋の材料および品質

鉄筋および溶接金網・鉄筋格子の材料および品質は，JASS 5 の 10 節による.

8.3　鉄筋の加工および組立て

a．鉄筋の加工は，JASS 5 の 10 節による.

b．鉄筋の組立ては，JASS 5 の 10 節によるほか，下記（1）～（3）による.

（1）　鉄筋とハーフプレキャスト部材とのあきは，後打ちコンクリートの粗骨材の最大寸法を
考慮して定めた所要の寸法以上とする. また，これらの鉄筋は，ハーフプレキャスト部材
に堅固に取り付けるなどにより，コンクリートの打込みの際に移動しないよう固定する.

（2）　梁のハーフプレキャスト部材の鉄筋と現場で配筋された鉄筋とを組み立てる場合は，あ
ばら筋などに対して堅固に取り付ける.

（3）　かぶり厚さは，2.4 の設計かぶり厚さが確保できるようにする.

8.4 接合部補強筋

a．ハーフプレキャスト部材間およびハーフプレキャスト部材と周辺の部材との接合部には，構造上の一体性を確保するために，必要に応じて接合部補強筋を配置する．

b．接合部補強筋の定着長さは，JASS 5 の 10 節による．

8.5 鉄筋工事の品質管理・検査

後打ちコンクリート部分の鉄筋工事の品質管理・検査は，10.6 による．

9章　後打ちコンクリート工事

9.1 総　　則

a．本章は，後打ちコンクリートの種類，材料，調合，発注・製造・受入れ，運搬・打込み・締固めおよび養生に適用する．

b．後打ちコンクリートは，施工計画書に基づいて，施工要領書を作成して施工する．

c．後打ちコンクリートは，ハーフプレキャスト部材と十分な一体性が確保されるように施工する．

d．後打ちコンクリートは，充填性を十分検討してから施工する．ハーフプレキャスト部材を構造体および部材の断面の両側に用いる場合には，施工前に充填性の試験などを行って，後打ちコンクリートの充填性を確認する．

9.2 後打ちコンクリートの種類・材料および調合

a．コンクリートの種類は，2.4 の条件を満足するものとし，JASS 5 の 3 節による．

b．コンクリートの材料は，JASS 5 の 4 節による．

c．コンクリートの調合は，2.4 の条件を満足するものとし JASS 5 の 5 節による．

9.3 後打ちコンクリートの発注・製造および受入れ

a．コンクリートには JIS A 5308（レディーミクストコンクリート）の規定に適合するレディーミクストコンクリートを使用することを原則とする．JIS A 5308 の規定に適合しない高流動コンクリート，高強度コンクリートなどを使用する場合は，建築基準法第 37 条第二号に基づいて国土交通大臣の認定を取得したレディーミクストコンクリートを使用する．

b．コンクリートは，十分な充填性が得られるように，必要により試し練りを行って流動性などを確認する．また，必要に応じて，流動化コンクリートあるいは高流動コンクリートを使用する．

c．レディーミクストコンクリート工場の選定，発注，製造，レディーミクストコンクリート工

―12―　プレキャスト複合コンクリート施工指針

場から荷卸し地点までの運搬および受入れは，JASS 5 の 6 節による．

9.4　後打ちコンクリートの運搬・打込みおよび締固め

a．コンクリートの施工現場内での運搬は，JASS 5 の 7 節による．

b．コンクリートの打込みは，プレキャスト複合コンクリート部材の所要の性能が確保されるように，ハーフプレキャスト部材の形状，打ち込む部位の状況および打込み条件に応じて，隅々まで充填され，密実なコンクリートが得られる方法を採用する．

c．コンクリートは，下記（1）～（3）に従って打込み準備を行う．

（1）ハーフプレキャスト部材の下部およびハーフプレキャスト部材と周辺部材との接合部などからセメントペーストまたはモルタルを漏出させないように，テープやガスケットなどでシールする．

（2）運搬・打込みおよび締固めに用いる機器・用具・電源などは，打込み方法に適したものを選定する．

（3）コンクリートの打込みに先立って，ハーフプレキャスト部材の接合面を清掃し，異物や雨水などの有害物を取り除き，ハーフプレキャスト部材の接合面，せき板の表面およびコンクリート打継ぎ部分に散水して湿潤状態にする．

d．コンクリートの打込み・締固めは，JASS 5 の 7 節によるほか，下記（1）～（7）によって行う．

（1）鉛直部材と水平部材を一体で打ち込む場合は，梁下で一旦打ち止める．鉛直部材に打ち込んだコンクリートの沈降が終了した後に，水平部材のコンクリートを打ち込む．

（2）コンクリートの一回の打込み区画，打込み高さおよび打込み量は，ハーフプレキャスト部材の接合面の凹凸や配筋状況を考慮して，コンクリートを密実かつ均質に充填できる範囲とする．

（3）コンクリートの自由落下高さおよび水平移動距離は，JASS 5 の 7 節による．

（4）打重ね時間間隔は，JASS 5 の 7 節による．

（5）ハーフプレキャスト部材の上部にコンクリートを打ち込む場合は，接合部補強筋が移動しないように留意するとともに，トラス筋などの接合面補強筋やコッターなどの隅々にコンクリートが行き渡るように入念に打ち込む．

（6）柱・梁部材の交差部分は，小型棒形振動機を用いるなどして，隅々までコンクリートが行き渡るように打ち込む．

（7）ハーフプレキャスト部材を上側に取り付けて，その下部にコンクリートを打ち込む場合は，振動機で十分に締め固めて，気泡を除去する．

9.5　コンクリートの仕上げおよび養生

a．コンクリートの上面の仕上げおよび養生は，それぞれ JASS 5 の 7 節および JASS 5 の 8 節による．

b．コンクリートは，打込み終了直後から十分に硬化するまでの間，湿潤養生を行う．特に，養生中は，急激な乾燥，過度の高温や低温，急激な温度変化，有害な振動や外力を与えないようにする．

9.6　コンクリートの品質管理および検査

コンクリートの品質管理・検査は，10.7 による．

10章　プレキャスト複合コンクリートの品質管理・検査

10.1　総　　則

a．本章は，ハーフプレキャスト部材の製造，受入れ，組立て・接合，支保工工事，後打ちコンクリート部分の型枠工事，鉄筋工事，後打ちコンクリート工事およびプレキャスト複合コンクリート部材の品質管理・検査に適用する．

b．品質管理のために行う試験・検査の結果は，報告書としてまとめ，工事監理者の承認を受ける．

c．検査において不合格となった場合の措置については，工事監理者とあらかじめ定めておく．

10.2　ハーフプレキャスト部材の製造の品質管理・検査

a．ハーフプレキャスト部材の材料および部品の試験・検査は，JASS 10 の 13 節による．

b．接合面補強筋としてのトラス筋は，所要の性能を有することを確認する．

c．ハーフプレキャスト部材の製造前および製造工程中の検査は，JASS 10 の 13 節による．

d．ハーフプレキャスト部材の製品検査は，表 10.1 による．

— 14 —　プレキャスト複合コンクリート施工指針

表 10.1　ハーフプレキャスト部材の製品検査

項　目	試験・検査方法	時期・回数	判定基準
形状・寸法	スチールテープ，スケール，水糸などによる実測	随時	設計図書で定められた範囲内の値であること
ひび割れ	クラックスケールなどによる実測	全数	有害なひび割れがないこと
破損	目視	全数	有害な破損がないこと
配筋状態	ハーフプレキャスト部材製造図との照合および目視	全数	突出筋の径・本数・間隔・位置が配筋図と合致していること
金物・先付部品の取付け状態	ハーフプレキャスト部材製造図との照合および目視	全数	金物・先付部品の種類・数量がハーフプレキャスト部材製造図と合致し，正確な位置に取り付けられていること
表面の仕上がり状態	目視	全数	表面仕上げの種類および状態がハーフプレキャスト部材製造図と合致し，限度見本などに基づく所要の仕上がり状態であること
かぶり厚さ	目視または非破壊試験	全数	かぶり厚さ不足の兆候が見られないこと

10.3　ハーフプレキャスト部材の受入れおよび組立て・接合の品質管理・検査

　a．ハーフプレキャスト部材の受入れ時の検査は，表 10.2 による．

10 章　プレキャスト複合コンクリートの品質管理・検査　— 15 —

表 10.2　ハーフプレキャスト部材の受入れ時の検査

項　目	試験・検査方法	時期・回数	判定基準
部材名称	目視	全数	部材名称に間違いがないこと 検査済表示があること
ひび割れ	目視またはクラックスケールなどによる実測	全数	有害なひび割れがないこと
破損	目視	全数	有害な破損がないこと
変形	目視	全数	有害な変形がないこと
金物・先付部品・先付仕上材の状態	目視	全数	金物・先付部品の種類・数量が，ハーフプレキャスト部材製造図と合致し，正確な位置に取り付けられていること 先付仕上材が適切に取付け，もしくは施工されていること
突出筋	目視	全数	有害な変形・錆がないこと
仕上がり状態	目視	全数	表面仕上げの種類および状態がハーフプレキャスト部材製造図と合致し，有害な汚れがないこと

b．ハーフプレキャスト部材の組立て後に，部材番号，部材の向きなどを確認し，施工計画書どおりに適正に組み立てられていることを確認する.

c．ハーフプレキャスト部材の組立ておよび接合の検査は，表 10.3 による

表 10.3　ハーフプレキャスト部材の組立ておよび接合の検査

項　目	試験・検査方法	時期・回数	判定基準
位置	スチールテープ，スケールなど	随時	設計図書に定めた位置であること 精度は JASS 10 の 13 節による
傾き	水糸，下げ振り，スロープスケールなど	随時	設計図書に定めた位置（垂直方向）であること 精度は JASS 10 の 13 節による
天端の高さ	レベルなど	随時	設計図書に定めた高さであること 精度は JASS 10 の 13 節による
ひび割れ	目視またはクラックスケールなどによる実測	全数	有害なひび割れがないこと
破損	目視	全数	有害な破損がないこと
接合部の目地	目視・スケール	全数	目地幅が設計図書に定めた値であること 精度は施工計画書による
かかり代	目視・スケール	全数	施工計画書で定めた値であること

— 16 —　プレキャスト複合コンクリート施工指針

10.4　ハーフプレキャスト部材の支保工工事の品質管理・検査

　ハーフプレキャスト部材の支保工の材料，組立ておよび取外しの品質管理・検査は，表 10.4 による．

表 10.4　ハーフプレキャスト部材の支保工の材料・組立て・取外しの品質管理・検査

項　目	試験・検査方法	時期・回数	判定基準
支保工・締付金物などの材料・種類	目視，寸法測定，品質表示の確認	搬入時　組立て中随時	JASS 5 の 9 節の規定に適合すること
支保工の配置	目視およびスケールなどによる測定	組立て中随時および組立て後	施工計画書と合致し，ゆるみなどがないこと
締付金物の位置・数量	目視およびスケールなどによる測定	組立て中随時および組立て後	施工計画書と合致し，ゆるみなどがないこと
支保工の取外し時期	JASS 5T-603	取外し前	6.4 の規定に適合すること

10.5　後打ちコンクリート部分の型枠工事の品質管理・検査

　後打ちコンクリート部分の型枠工事の検査は，JASS 5 の 11 節による．

10.6　後打ちコンクリート部分の鉄筋工事の品質管理・検査

　後打ちコンクリート部分の鉄筋工事の品質管理・検査は，表 10.5 による．

表 10.5　後打ちコンクリート部分の鉄筋工事の品質管理・検査

項　目	試験・検査方法	時期・回数	判定基準
鉄筋工事における検査*1	JASS 5 の 11 節による	JASS 5 の 11 節による	JASS 5 の 11 節による
接合部補強筋の本数，長さ	目視，スケールなどによる	接合部ごと	設計図書に定められた位置および本数であること．接合部補強筋の定着長さは JASS 5 の 10 節による

　［注］　＊1　鉄筋とハーフプレキャスト部材のあきを含む．

10.7　後打ちコンクリート工事の品質管理・検査

　後打ちコンクリートの材料，使用するコンクリート，受入れ，打込み・締固めおよび養生の品質管理・検査は，JASS 5 の 11 節による．

10.8　プレキャスト複合コンクリートの部材の品質管理・検査

　プレキャスト複合コンクリート部材の品質管理・検査は，表 10.6 による．

10章 プレキャスト複合コンクリートの品質管理・検査 — 17 —

表10.6 プレキャスト複合コンクリート部材の品質管理・検査

項　目	試験・検査方法	時期・回数	判定基準
後打ちコンクリートの強度	JASS 5 の 11 節による	JASS 5 の 11 節による	JASS 5 の 11 節による
ハーフプレキャスト部材コンクリートの強度	JASS 10 の 13 節による	JASS 10 の 13 節による	JASS 10 の 13 節による
ハーフプレキャスト部材と後打ちコンクリートの一体性	非破壊試験，コアまたは小径コア採取検査などによる	随時	ハーフプレキャスト部材と後打ちコンクリートとの間に空隙などの欠陥が存在しないことが確認できること
プレキャスト複合コンクリート部材の位置・寸法	スチールテープ，スケール，水糸，下げ振り，水準器などによる	随時	設計図書に適合していること．位置・寸法の精度は，JASS 5 の 11 節による
ひび割れ・破損・その他	目視，クラックスケールなどによる	随時	有害なひび割れ・破損がないこと．美観上支障のないこと．
コンクリート表面の仕上がり状態	目視による	随時	JASS 5 の 11 節による
仕上がりの平たんさ	JASS 5T-604 またはレベル，水準器などによる	随時	JASS 5 の 11 節による

プレキャスト複合コンクリート
施工指針　解説

プレキャスト複合コンクリート施工指針　解説

1章　総　　　則

1.1　適用範囲および原則

> a．本指針は，プレキャスト複合コンクリートを用いる鉄筋コンクリート工事に適用する．
> b．本指針に記載のない事項については，本会「建築工事標準仕様書・同解説　JASS 5　鉄筋コンクリート工事」（以下，JASS 5 という）および「建築工事標準仕様書・同解説　JASS 10　プレキャスト鉄筋コンクリート工事」（以下，JASS 10 という）による．
> c．プレキャスト複合コンクリートの適用にあたっては，JASS 5 および JASS 10 のプレキャスト複合コンクリートに関連する規定を基本に，必要な事項を定める．

　a，b．プレキャスト複合コンクリートとは，プレキャスト鉄筋コンクリート半部材（以下，ハーフプレキャスト部材という）を構造体または部材の断面の一部として用い，それに配筋等を行って，後から現場打ちコンクリート（以下，後打ちコンクリートという）を打ち込んで一体化させることで構造体または部材として形成されたコンクリートである．本指針は，プレキャスト複合コンクリートを用いる鉄筋コンクリート工事（以下，プレキャスト複合コンクリート工事という）に適用する．

　関連する標準仕様書等と本指針との関係を解説表 1.1 に示す．2004 年に制定された「プレキャスト複合コンクリート施工指針（案）・同解説」（以下，旧指針（案）という）では，JASS 5 の範疇にあるプレキャスト複合コンクリート工事を適用範囲としていた．すなわち，柱や耐力壁のような鉛直荷重を支える主要構造部材を現場打ち鉄筋コンクリート部材とした建築物の一部として行うプレキャスト複合コンクリート工事を対象としていた．これに対して，JASS 10 の範疇である主要構造部材をプレキャスト鉄筋コンクリート部材とした建築物の一部として行うプレキャスト複合コンクリート工事は適用外としていた．しかしながら，プレキャスト複合コンクリート工事の実績が十

解説表 1.1　本指針および関連する標準仕様書の適用範囲

鉛直荷重を支える主要構造部材の工法	現場打ち鉄筋コンクリート		プレキャスト鉄筋コンクリート		
部材の種類 設計基準強度	現場打ち鉄筋コンクリート部材	ハーフプレキャスト部材＋後打ちコンクリート部分	プレキャスト部材	現場打ちコンクリート部分	ハーフプレキャスト部材＋後打ちコンクリート部分
60 N/mm² 以下	JASS 5 関連指針	本指針	JASS 10	（JASS 5）	本指針
60 N/mm² を超える	（JASS 5） 高強度指針[注1]		JASS 10		

　［注1］　本会の「高強度コンクリート施工指針・同解説」[1] を指す．

分に蓄積され，現在では主要構造部材の違いによるプレキャスト複合コンクリート工事の差異が見られなくなってきた．そこで，本指針では，JASS 5 および JASS 10 の両方の範疇にあるプレキャスト複合コンクリート工事を適用範囲とし，JASS 5 および JASS 10 に詳述されていない部分の補完として活用できるよう旧指針（案）を改定した．

床・梁部材をプレキャスト複合コンクリート部材とした建築物における各部材の名称の例を断面図および等測図として，それぞれ解説図 1.1，1.2 に示す．プレキャスト複合コンクリートは，ここに示す構造形式以外にも広く実績があるが，大半の場合，建築物を構成する部材の一部のみに使用されるものであり，本指針は，このような建築工事の一部を構成するプレキャスト複合コンクリート工事に適用する．プレキャスト複合コンクリートを用いた鉄筋コンクリート部材（以下，プレキャスト複合コンクリート部材という）には，後述のようにさまざまな部材断面の構成があり，使用

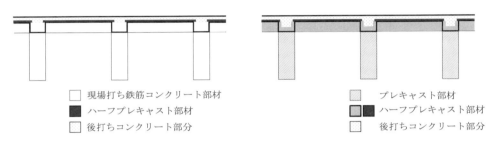

(a) 主要構造部材が現場打ち鉄筋コンクリートの場合　(b) 主要構造部材がプレキャスト鉄筋コンクリートの場合

解説図 1.1　本指針の対象となる建築物における各部材の名称

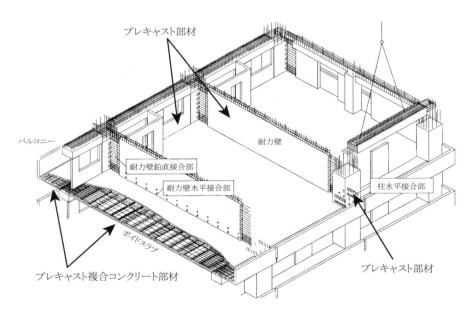

解説図 1.2　プレキャスト複合コンクリートで床・梁部材を構成した例
（主要構造部材がプレキャスト部材の場合）

される部位もさまざまであるが，プレキャストコンクリートが薄肉かつ無筋であり，その部分が構造計算において構造体の一部として算入されない工法[2]による鉄筋コンクリート工事については，本指針の適用外とした．本指針に記載のない事項のうち，ハーフプレキャスト部材に関する部分については JASS 10 に，後打ちコンクリートを用いた鉄筋コンクリート部分（以下，後打ちコンクリート部分という）については JASS 5 による．

解説表 1.1 に示したとおり，JASS 10 では，設計基準強度が 60 N/mm^2 を超えるコンクリートも適用範囲としているが，2 章に詳述するように，プレキャスト複合コンクリートにおいて，設計基準強度が 60 N/mm^2 を超えるコンクリートを使用した施工実績は少ないことから，本指針では，設計基準強度が 60 N/mm^2 以下のコンクリートを適用範囲とした．

プレキャスト複合コンクリート工事は，プレキャスト部材に関する統計から増加していると推測される．近年のプレキャスト部材に用いるコンクリートの生産量の推移を解説図 1.3 に示す．これは，（一社）プレハブ建築協会の「PC 部材品質認定制度」に基づく認定取得工場における生産実績であり，プレキャスト部材に用いるコンクリートの全体像とはいえないが，建設労働人口の減少などを受けて建築工事の効率化が広く推進されており，その一環として，プレキャスト複合コンクリートを含むプレキャスト部材を用いる構工法の採用が進んでいることがわかる．本指針は，このような近年の動向を踏まえて，プレキャスト複合コンクリートの施工における適切な技術標準を示し，コンクリート構造物の品質向上に資することを目的としている．

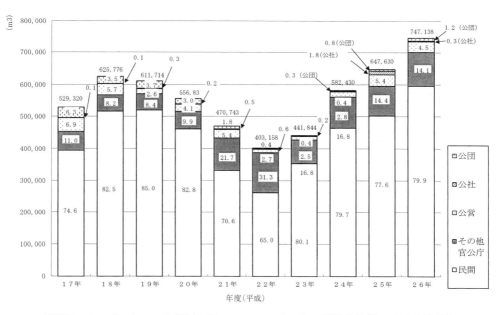

解説図 1.3 プレキャスト部材に用いるコンクリートの事業主体別の生産量推移[3]

解説図 1.4 に，プレキャスト複合コンクリート部材の断面例について，現場打ち鉄筋コンクリート部材およびフルプレキャスト部材と比較して示す．なお，解説図 1.4 では，ハーフプレキャスト部材との区別を明確にするため，部材の断面すべてがプレキャスト部材コンクリートで構成された

— 22 —　プレキャスト複合コンクリート施工指針　解説

部材をフルプレキャスト部材と表記した．プレキャスト複合コンクリート部材は，（1）～（7）に例示するようなさまざまな部材の断面構成が可能であるが，いずれの断面構成においても，ハーフプレキャスト部材と後打ちコンクリート部分が部材内部で面的に接合されているという特徴がある．施工にあたっては，各章で解説するように，この接合面における一体性を確保することが重要な課題の一つである．

　解説図1.4（1）～（7）に例示したプレキャスト複合コンクリート部材の断面構成について，その種類および特徴を以下に概説する．なお，9章では，構造体および部材の断面の両側または全周にハーフプレキャスト部材を用いる場合のコンクリートの充填性の確認について解説しているが，これは，下記の（5），（7）の場合である．それ以外の場合についても，ハーフプレキャスト部材があるために充填性の確認が通常よりも難しくなる場合もあるので，よく検討して施工する必要がある．

	現場打ち 鉄筋コンクリート部材	プレキャスト複合コンクリート部材		フルプレキャスト部材
床部材		(1)		
梁部材		(2)	(3)	
壁部材		(4)	(5)	
柱部材		(6)	(7)	
凡　例	現場打ち コンクリート	ハーフプレキャスト部材コンクリート 後打ちコンクリート		プレキャスト部材 コンクリート

解説図1.4　プレキャスト複合コンクリート部材の断面例
（現場打ち鉄筋コンクリート部材およびフルプレキャスト部材との比較）

（1）　下部がハーフプレキャスト部材，上部が後打ちコンクリート部分で構成された床部材

　プレキャスト複合コンクリートの適用実績は，床部材において最も多い．これは，現場打ちコンクリートで床を施工する場合に比べて型枠・支保工の数量を低減できる点，床部材では強度よりもたわみ・振動数・遮音性能などから断面が決定されることが多く，周辺の部材との接合部に要求される強度が比較的小さい点，バルコニーなどの複雑な形状に対応しやすい点など，床部材に採用した場合に特に利点が多いためである[4]．また，床部材にフルプレキャスト部材を採用する場合と比

べると，バルコニー等で上端に水勾配を確保しやすい点，鉄筋が納まりやすい点なども利点である．一方で，セットバックが著しい場合や耐力壁が上下で連続しない場合などには，床部材の面内せん断力が大きくなり，周辺の部材との接合部に要求される強度が比較的大きくなるので，プレキャスト複合コンクリートを適用しにくい[4]．

　本指針が適用される床部材には，例えば，解説図1.5に示すような断面構成がある．解説図1.5（a）は，トラス状に組んだ鉄筋（トラス筋）が突出したハーフプレキャスト部材の上に，施工現場で後打ちコンクリートを打ち込んで一体化させたものである．同図（b）は，遮音性や軽量性，剛性の向上などを期待してボイド型枠をあらかじめ設置し，床部材をボイド床とするものである．同図（c）のように，接合面補強筋を用いず，接合面の凹凸やコッター，リブ等によって一体化を図るものもある[5]．

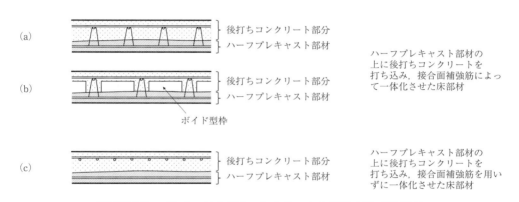

解説図 1.5　プレキャスト複合コンクリートの適用の例（床部材）

　床のハーフプレキャスト部材を施工現場内で製造する場合や，ハーフプレキャスト部材にプレストレスを導入して曲げ剛性を高くし，長スパンの部分に使用する場合もある．

（2）下部がハーフプレキャスト部材，上部が後打ちコンクリート部分で構成された梁部材

　梁部材にプレキャスト複合コンクリートを適用する場合，梁部材の断面のうち，どの程度をハーフプレキャスト部材で構成するかによって分類できる．本指針で対象とする梁部材には，例えば，解説図1.6に示すような断面構成がある．

　解説図1.6（a）は，床下面よりも下の梁部材の断面をハーフプレキャスト部材で構成したものである．ハーフプレキャスト部材の剛性が高いので，スパンにもよるが，梁下の支保工を減らすことができる．床下面より下部の全断面をハーフプレキャスト部材とすると床と梁の合成効果が得られにくい[5]ので，後打ちコンクリート部分とハーフプレキャスト部材の接合面を床下面よりも下にする方が一般的である．また，揚重の重量の低減等のために中央部を凹状にする場合もある[6]．

（3）底部および側面がハーフプレキャスト部材，内部および上部が後打ちコンクリートで構成された梁部材

　解説図1.6（b）および（c）は，梁部材の断面に占めるハーフプレキャスト部材の割合が少ない構成である．ハーフプレキャスト部材の重量は同図（a）よりも低減されるが，梁下の支保工は

あまり低減できない．ハーフプレキャスト部材内に主筋（下端筋）とあばら筋の両方を配筋する場合と，あばら筋のみを配筋する場合がある．下端筋をハーフプレキャスト部材内に配筋しない場合には，継手の位置などの自由度は高まるが，施工現場での配筋作業が増える．ここに示した例以外にも，梁の下に耐力壁が取り付いていて，梁の両側面のみをハーフプレキャスト部材として構成する場合もある．また，梁のセンタージョイント部や柱梁接合部など梁部材の全長のうち，一部分のみをプレキャスト複合コンクリート部材として構成する場合もある．

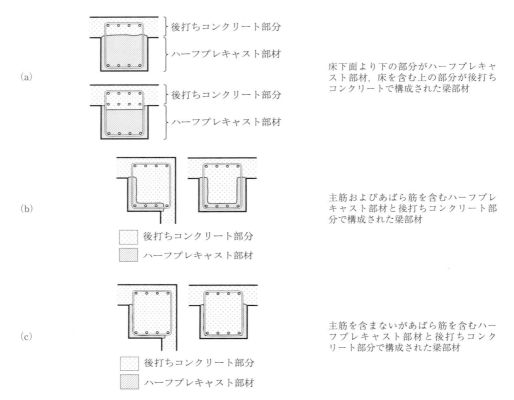

解説図1.6　プレキャスト複合コンクリートの適用の例（梁部材）

（4）片方の面がハーフプレキャスト部材，他方の面が後打ちコンクリート部分で構成された壁部材

壁部材のみにプレキャスト複合コンクリートが適用されることは少ない[4]．壁部材にプレキャスト複合コンクリートを適用する場合には，例えば，高層建築物の外周壁などにおいて，外部足場の簡略化を図りたい場合などがある．

本指針で対象とする壁部材には，例えば，解説図1.7（a）に示す断面構成がある．床部材の場合と同様に，ハーフプレキャスト部材から接合面補強筋が突出しており，施工現場で後打ちコンクリートを打ち込んで，一体化させる．外周壁とする場合には，一般にハーフプレキャスト部材が建築物の外側となるので，解説図1.7（a）右図に示すように，ハーフプレキャスト部材にタイルなどの仕上材が先付けされることもある．このような場合には，ハーフプレキャスト部材が施工時の

荷重によって変形してタイルなどの剥離が生じないように注意する必要がある．

（5）両方の面がハーフプレキャスト部材で構成され，内部が後打ちコンクリート部分で構成された壁部材

壁部材の両方の面をハーフプレキャスト部材で構成した例もある．例えば，解説図1.7（b）に示す断面構成がある．このように閉鎖型の構成となる場合には，内部に打ち込まれる後打ちコンクリートの充填性やハーフプレキャスト部材と後打ちコンクリート部分の一体性について，事前に十分な検討を行う必要がある．

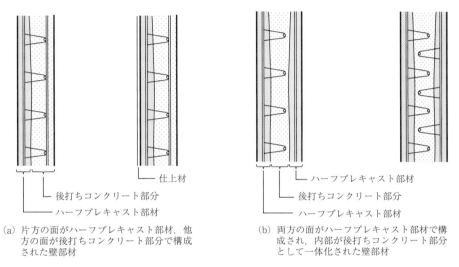

(a) 片方の面がハーフプレキャスト部材，他方の面が後打ちコンクリート部分で構成された壁部材

(b) 両方の面がハーフプレキャスト部材で構成され，内部が後打ちコンクリート部分として一体化された壁部材

解説図1.7 プレキャスト複合コンクリートの適用の例（壁部材）

（6）一部の面がハーフプレキャスト部材，その他の面および内部が後打ちコンクリート部分で構成された柱部材

柱部材にプレキャスト複合コンクリートを適用する場合，ハーフプレキャスト部材内に帯筋が配筋されており，帯筋の外側のコンクリートがかぶりコンクリートとなる．ハーフプレキャスト部材に後打ちコンクリートの側圧に耐える強度と剛性を持たせることで，支保工を大幅に低減できる利点がある．また，フルプレキャスト部材と比較すると，①プレキャスト部材が軽量である，②主筋が後打ちコンクリート部分に配筋されるので，その継手には機械式継手工法，溶接継手工法に加えて，ガス圧接継手工法が採用できるといった利点がある．本指針で対象とする柱部材には，例えば，解説図1.8に示すような断面構成がある．解説図1.8（a）は壁と連続した柱部材であり，後打ちコンクリートは，壁部材と柱部材に一度に打ち込まれる．

（7）すべての面がハーフプレキャスト部材で構成され，内部が後打ちコンクリート部分で構成された柱部材

解説図1.8（b）は，柱部材のすべての面をハーフプレキャスト部材で構成したものである．このような場合には，ハーフプレキャスト部材によって内部が閉鎖的に囲われていて，後打ちコンクリートの打込み状況を目視などで確認することが特に難しい．したがって，後打ちコンクリートの

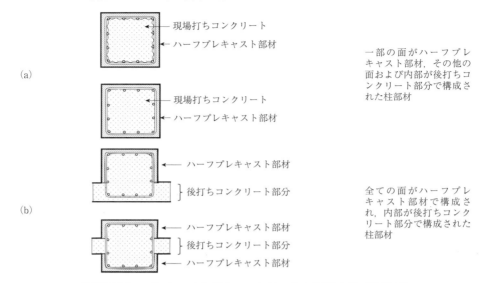

解説図 1.8　プレキャスト複合コンクリートの適用の例（柱部材）

充填性やハーフプレキャスト部材と後打ちコンクリート部分の一体性について，事前の検討を十分に行う必要がある．

　c．本指針の構成および JASS 5，JASS 10 における関連規定との対応を解説表 1.2 に示す．JASS 5，JASS 10 に示されていない事項については，本会の次に示すものによるとよい．

① 寒中コンクリート施工指針・同解説（2010）
② 暑中コンクリートの施工指針・同解説（2019）
③ フライアッシュを使用するコンクリートの調合設計・施工指針・同解説（2007）
④ 高炉セメントまたは高炉スラグ微粉末を用いた鉄筋コンクリート造建築物の設計・施工指針（案）・同解説（2017）
⑤ 再生骨材を用いるコンクリートの設計・製造・施工指針（案）（2014）
⑥ エコセメントを使用するコンクリートの調合設計・施工指針（案）・同解説（2007）
⑦ 膨張材・収縮低減剤を使用するコンクリートの調合設計・製造・施工指針（案）・同解説（2017）
⑧ 高強度コンクリート施工指針・同解説（2013）
⑨ コンクリートの調合設計指針・同解説（2015）
⑩ 型枠の設計・施工指針（2011）
⑪ コンクリートポンプ工法施工指針・同解説（2009）
⑫ コンクリートの品質管理指針・同解説（2015）
⑬ 鉄筋コンクリート造建築物の耐久設計施工指針・同解説（2016）
⑭ 鉄筋コンクリート造建築物の環境配慮施工指針（案）・同解説（2008）
⑮ 鉄筋コンクリート造建築物の収縮ひび割れ制御設計・施工指針（案）・同解説（2006）

1章　総　　則　—27—

解説表 1.2　本指針の構成および JASS 5，JASS 10 との対応

	プレキャスト複合コンクリート	ハーフプレキャスト部材		後打ちコンクリート	
	本指針の節番号	本指針の節番号	JASS 10 の関連規定	本指針の節番号	JASS 5 の関連規定
適用範囲	1.1	—	—	—	—
用語	1.2	—	1 節	—	1 節
施工計画	3.1〜3.2		1 節		1 節
性能および品質	2.1〜2.2	2.3	2 節〜3 節	2.4	2 節〜3 節[*1]
材料および部品	—	4.3	4 節	9.2	4 節
コンクリートの調合		4.4	5 節	9.2	5 節
コンクリートの製造		4.4	6 節	9.3	6 節
型枠工事（プレキャスト部材製造用型枠の製作を含む）		4.5	6 節	7.1〜7.4	9 節
鉄筋工事（鋼材などの加工・取付け・組立てを含む）		4.6	6 節	8.1〜8.4	10 節
打込み・締固め		4.7	6 節	9.4	7 節
養生		4.8	6 節	9.5	8 節
（プレキャスト部材の）貯蔵・出荷・運搬		4.10	7 節	—	—
（プレキャスト部材の）受入れ・組立て・接合		5.1〜5.3	8 節〜12 節		
（プレキャスト部材の）支保工		6.1〜6.4	(9 節)		(9 節)
品質管理および検査	10.8	10.2〜10.4	13 節	10.5〜10.7	11 節

＊1：特殊な仕様のコンクリートについては JASS 5 の 12 節以降も関連する．
［注］　上記以外に，JASS 5 の 20 節にプレキャスト複合コンクリートの規定がある．

　なお，本指針では 2018 年版の JASS 5，2013 年版の JASS 10 を参照したが，年号を付記するなど特に断りのない場合，最新版の JASS 5，JASS 10 を参照する．

1.2　用　　　語

本指針で用いる用語は，JIS A 0203（コンクリート用語），JASS 5 および JASS 10 によるほか，次による．
プレキャスト複合コンクリート：構造体または部材の断面の一部にプレキャスト鉄筋コンクリート半部材を用い，これと施工現場で後から打ち込んだコンクリートを一体化することで構造体または部材として形成されたコンクリート
プレキャスト複合コンクリート部材：プレキャスト複合コンクリートを用いた鉄筋コンクリート部材
ハーフプレキャスト部材：プレキャスト複合コンクリート部材の断面の一部として用いられるプレキャスト鉄筋コンクリート半部材
ハーフプレキャスト部材コンクリート：ハーフプレキャスト部材として硬化したコンクリート
後打ちコンクリート：ハーフプレキャスト部材と一体化してプレキャスト複合コンクリートを形成するため

— 28 —　プレキャスト複合コンクリート施工指針　解説

> に，施工現場で後から打ち込まれるコンクリート
> 後打ちコンクリート部分：後打ちコンクリートを用いた鉄筋コンクリート部分
> 接合面補強筋：ハーフプレキャスト部材と後打ちコンクリート部分との接合面の一体化を補強する鉄筋
> 接合部補強筋：ハーフプレキャスト部材どうしの接合，またはハーフプレキャスト部材と周辺の部材との接合
> 　　　　　　　を補強する鉄筋

　コンクリートに関連する用語は，JIS A 0203（コンクリート用語）に定められている．JIS に規定されていない用語，または JIS に規定されている用語であっても JASS で用いる意味が JIS の定義と異なる用語は，JASS 5 の 1 節および JASS 10 の 1 節において，その意味が規定されている．本指針では，JIS A 0203（コンクリート用語），JASS 5 の 1 節および JASS 10 の 1 節に規定されていない用語で，本指針に関わる重要な用語を取り上げ，その意味を示した．

　プレキャスト複合コンクリートは，ハーフプレキャスト部材と後打ちコンクリートを一体化することで構造体または部材として形成されたコンクリートである．すなわち，プレキャスト複合コンクリートは，ハーフプレキャスト部材コンクリートと後打ちコンクリートという別々に製造・施工・品質管理されるコンクリートで構成される．

　ハーフプレキャスト部材は，プレキャスト複合コンクリート部材の断面の一部として用いられ，後打ちコンクリート部分と一体化するように設計・製造されたプレキャスト鉄筋コンクリート半部材である．ここで，半部材とは，施工現場での受入れ時には，まだ部材の全断面を構成していないことを意味している．旧指針（案）では，半製品部材と表記していたが，まだ完成していない製造途中の中間製品と誤解されるおそれがあっため，表現を改めた．

　ハーフプレキャスト部材コンクリートは，ハーフプレキャスト部材として硬化したコンクリートのことである．解説表 1.3 に示すとおり，JASS 10 の 1 節に定義されたプレキャスト部材コンクリートに対応する用語である．

　後打ちコンクリートは，現場打ちコンクリートのうち，ハーフプレキャスト部材と一体化してプレキャスト複合コンクリートを形成するコンクリートである．旧指針（案）では，このようなコンクリートも現場打ちコンクリートと表記しており，一般の鉄筋コンクリート部材に用いられる現場打ちコンクリートとの区別が明確でなかった．そこで，本指針では，解説表 1.3 に示すとおり，現

解説表 1.3　本指針で用いる用語と JASS 5，JASS 10 の用語の関係

関係する JASS の用語		本指針で用いる用語		
JASS 5.1	JASS 10.1	プレキャスト複合コンクリート部材 （JASS 5 の 20 節）	ハーフプレキャスト部材 （JASS 5 の 20 節）	後打ちコンクリート部分
使用する コンクリート	プレキャスト部材に用いるコンクリート	—	定義しない	後打ちコンクリート
構造体 コンクリート	プレキャスト部材 コンクリート	プレキャスト複合 コンクリート （JASS 5 の 20 節）	ハーフプレキャスト部材 コンクリート	後打ちコンクリート

［注］（　）内は，関連する JASS の本文・解説において，当該用語が記載されている箇所を示している．

場打ちコンクリートとは区別した後打ちコンクリートを定義した．なお，後打ちコンクリートは，床部材に使用する場合には，トッピングコンクリート，トップコンクリート，コンクリートトッピングなどと呼ばれることがある．

後打ちコンクリート部分は，プレキャスト複合コンクリート部材のうち，後からコンクリートが打ち込まれる鉄筋コンクリート部分のことである．

接合面補強筋は，ハーフプレキャスト部材の製造時に取り付けられ，ハーフプレキャスト部材コンクリートから突出している鉄筋であり，後打ちコンクリート部分との一体化を目的としたものである．例えば，解説図1.9に示す接合面補強筋（トラス筋）がこれに該当する．

接合部補強筋は，ハーフプレキャスト部材どうし，もしくはハーフプレキャスト部材と周辺の部材との接合を補強する鉄筋である．解説図1.9に，床部材における接合部補強筋の例を示す．なお，周辺の部材とは，ハーフプレキャスト部材と接合部を通じて接していて，接合の相手先となる部分または部材である．例えば，現場打ちコンクリート部分，プレキャスト部材など，さまざまなものを包含している．

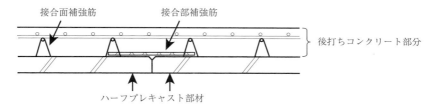

解説図1.9 プレキャスト複合コンクリート部材の構成（床部材の例）

参 考 文 献

1) 日本建築学会：高強度コンクリート施工指針・同解説，2013
2) 中根淳，小柳光生，入矢桂史郎：プレキャスト（PCa）型枠工法の現状，コンクリート工学，Vol. 33, No. 4, pp. 25-34, 1995.4
3) プレハブ建築協会　PC建築部会　PC部材品質認定事業委員会：工場生産能力調査（PC部材品質認定書取得工場），No. 1-10, 平成26年度
4) 高田博尾：特集＊プレキャスト化の現状と将来/4.2.1　床・壁，コンクリート工学，Vol. 30, No. 11, pp. 26-29, 1992.11
5) 今井弘：合成構造の設計法と問題点，コンクリート工学，Vol. 28, No. 4, 1990
6) 谷口英武：特集＊プレキャスト化の現状と将来/4.2.2　はり・柱，コンクリート工学，Vol. 30, No. 11, pp. 30-34, 1992.11

2章　プレキャスト複合コンクリートの性能および品質

2.1　総　　則

> a．本章は，プレキャスト複合コンクリート部材，ならびにそれを構成するハーフプレキャスト部材および後打ちコンクリート部分に適用する．
> b．プレキャスト複合コンクリート部材は，所要の構造安全性，耐久性，耐火性および使用性ならびに所定の寸法精度および仕上がり状態を有するものとする．

　　a，b．プレキャスト複合コンクリート部材は，ハーフプレキャスト部材と後打ちコンクリート部分を一体化させた鉄筋コンクリート部材であり，設計図書には，この一体化した部材に要求される構造安全性および耐久性などが示されていなければならない．そのために，まず，JASS 5，JASS 10 などに従って，プレキャスト複合コンクリート部材の性能および品質を決定する．次に，それらを満足するように，ハーフプレキャスト部材および後打ちコンクリート部分の性能ならびに品質を決定する．

2.2　プレキャスト複合コンクリート部材の性能および品質

> a．プレキャスト複合コンクリートの設計基準強度は，18 N/mm² 以上，60 N/mm² 以下とする．
> b．プレキャスト複合コンクリートの計画供用期間の級は，JASS 5 の 2 節および JASS 10 の 2 節による．また，耐久設計基準強度は，JASS 5 の 3 節および JASS 10 の 3 節による．
> c．ハーフプレキャスト部材コンクリートおよび後打ちコンクリートのヤング係数は，ともにプレキャスト複合コンクリートの所定の条件を満足するものとする．
> d．プレキャスト複合コンクリートに気乾単位容積質量による種類が異なるコンクリートを併用する場合は，構造安全性上および耐久性上支障のないことを試験または信頼できる資料によって確かめる．
> e．プレキャスト複合コンクリートを海水の作用，激しい凍結融解作用，酸性土壌，硫酸塩およびその他の侵食性物質，または熱の作用などの特殊な劣化作用を受けるコンクリートに適用する場合には，耐久性上支障のないことを試験または信頼できる資料によって確かめる．
> f．プレキャスト複合コンクリート部材を構成するハーフプレキャスト部材と後打ちコンクリート部分は，後打ちコンクリートの充填性が確保され，十分な一体性を有するものとする．
> g．プレキャスト複合コンクリート部材の最小かぶり厚さは，JASS 5 の 3 節および JASS 10 の 3 節による．

　　a．プレキャスト複合コンクリート部材を構成するハーフプレキャスト部材は，鉄筋コンクリートの構造体および部材の外部に面する部分を構成することが多く，構造安全性だけでなく，耐久性確保の観点からも高い強度水準が要求されることが多い．さらに，ハーフプレキャスト部材の製造における脱型・吊上げ時にはコンクリートにひび割れや破損を生じさせない強度が必要となるため，構造体コンクリート強度の保証材齢におけるハーフプレキャスト部材コンクリートの圧縮強度はかなり高くなることがある．そこで，プレキャスト複合コンクリートの設計基準強度は，JASS 5 の高強度コンクリートの範囲を含むものとした．なお，高層建築物の柱部材などを中心に設計基準強度が 60 N/mm² を超える高強度コンクリートの適用例が多くなってきたことにともなって，

2章　プレキャスト複合コンクリートの性能および品質　— 31 —

JASS 10 や本会「高強度コンクリート施工指針・同解説」では，設計基準強度 120 N/mm² までを対象としているが，本指針ではプレキャスト複合コンクリートにおける実績を考慮して，普通コンクリートの設計基準強度は 60 N/mm² 以下を適用範囲とした．ただし，軽量コンクリートなどのように，設計基準強度の上限値が JASS 5 で別途設定されている場合には，それによる必要がある．なお，設計基準強度が 60 N/mm² を超えるプレキャスト複合コンクリートとする場合には，信頼できる資料または試験により，設計で要求される構造体の品質が得られることを確かめて定めるとよい．

　b．プレキャスト複合コンクリートの総合的な耐久設計に関する品質は，JASS 5 および JASS 10 で設定されている計画供用期間の級およびそれに応じた耐久設計基準強度を基に定める．JASS 5 では，計画供用期間の級として，短期（計画供用期間としておよそ 30 年），標準（計画供用期間としておよそ 65 年），長期（計画供用期間としておよそ 100 年）および超長期（計画供用期間としておよそ 200 年）の 4 水準が設定されている．一方，JASS 10 では，プレキャスト部材は一般的に高い品質を確保しやすいという理由から，短期を除く，標準，長期および超長期の 3 水準が設定されている．これらを考慮した上で，構造体および部材全体としての設計の合理性や経済性などをふまえながら，プレキャスト複合コンクリートの計画供用期間の級を設定するとよい．例えば，プレキャスト複合コンクリートの計画供用期間の級を短期に設定した場合，後打ちコンクリートの耐久設計基準強度は JASS 5 により 18 N/mm²（短期に相当）とするが，ハーフプレキャスト部材コンクリートの耐久設計基準強度は，JASS 10 により 24 N/mm²（標準に相当）とする〔解説表 2.1 参照〕．なお，プレキャスト複合コンクリートの計画供用期間の級が超長期で，後打ちコンクリートのかぶり厚さを 10 mm 増やした場合は，JASS 5 により後打ちコンクリートの耐久設計基準強度を 30 N/mm² とすることができる．

解説表 2.1　ハーフプレキャスト部材コンクリートおよび後打ちコンクリートの耐久設計基準強度

プレキャスト複合コンクリートの計画供用期間の級	ハーフプレキャスト部材コンクリートの耐久設計基準強度（N/mm²）	後打ちコンクリートの耐久設計基準強度（N/mm²）
短期	24[(1)]	18
標準	24	24
長期	30	30
超長期	36	36[(2)]

　［注］（1）　JASS 10 に従い，耐久設計基準強度は 24 N/mm² 以上とする．
　　　　（2）　かぶり厚さを 10 mm 増やした場合は，30 N/mm² とすることができる．

　c．プレキャスト複合コンクリートのヤング係数の値が設計で要求された場合，その要求を満足するためには，プレキャスト複合コンクリートを構成するハーフプレキャスト部材コンクリートおよび後打ちコンクリートが，いずれも前述したヤング係数の値に関する要求を満足すればよい．

　また，JASS 5 では 2009 年版から，JASS 10 では 2013 年版から，一般的な材料を用いたコンクリートと比べて，ヤング係数が大幅に下回る低品質なコンクリートでないことを確認するためのヤ

ング係数の目標値も示されており，2.3d および 2.4e では，併せて確認が必要である．

d．ハーフプレキャスト部材と後打ちコンクリート部分に，気乾単位容積質量による種類（普通コンクリート，軽量コンクリート１種，軽量コンクリート２種および重量コンクリート）の異なるコンクリートを併用することは妨げないが，その場合には，構造安全性上および耐久性上支障のないことを部材の性能試験または信頼できる資料によって確かめなければならない．このように異種類のコンクリートの併用にともなう懸念事項としては，ハーフプレキャスト部材コンクリートと後打ちコンクリートのヤング係数の差が過大になった場合の両者間における応力伝達への影響などが考えられる．なお，ヤング係数の差は，気乾単位容積質量による種類が異なる場合以外に，ハーフプレキャスト部材コンクリートの脱型・吊上げ時の強度確保を目的として圧縮強度が過大に設定される場合などにも生じうるため，そのような場合にも，必要に応じて同様な検討が必要である．

e．プレキャスト複合コンクリート部材の外部に面する部分はハーフプレキャスト部材で構成されることが多いが，ハーフプレキャスト部材コンクリートは高い耐久性を有する場合が多いので，プレキャスト複合コンクリートは，海水の作用などの特殊な劣化作用を受けるコンクリートに適用できる．そのような場合には，耐久性上支障のないことを試験または信頼できる資料により確認する必要があり，その具体的な対策については，例えば JASS 5 の 3 節を参照して定めるとよい．

f．構造体および部材としての品質を確保するために，ハーフプレキャスト部材と後打ちコンクリート部分の品質だけでなく，それらの接合面における一体性が確保されるようにする．この場合の一体性とは，後打ちコンクリートが十分に充填されるだけでなく，両者間での応力伝達が可能となるような措置がとられていることを意味する．そのため，次の点に留意する．

（１）　後打ちコンクリートの充填性

後打ちコンクリートの充填性を確保するためには，ハーフプレキャスト部材の断面および形状，配筋，接合部補強筋の配置方法，後打ちコンクリートの品質，後打ちコンクリートの打込み方法，振動機などの機器の使用方法，打込み時および硬化後の充填状況の確認方法などについて十分に検討する必要がある．これらは一般の現場打ちコンクリートの打込みでの充填性の確保に対する留意事項と同じであるが，プレキャスト複合コンクリートでは，後打ちコンクリートの外部に面しない箇所の充填状況を目視で確認することが難しく，充填性については特に慎重に検討する必要がある．

（２）　ハーフプレキャスト部材と後打ちコンクリート部分との応力伝達

ハーフプレキャスト部材と後打ちコンクリート部分の応力伝達が有効に行われるためには，ハーフプレキャスト部材の後打ちコンクリート部分との接合面に，不具合，異物の付着，過度の含水などがあってはならない．後打ちコンクリート部分との付着性を増す手段として，凹凸，コッター，接合面補強筋，みぞ，目荒らし，水湿しなどがある．しかし，過度の凹凸は，後打ちコンクリートの充填性に悪影響を与える場合もあり，注意が必要である．

g．プレキャスト複合コンクリート部材についても，一般の鉄筋コンクリート部材と同様に，所要のかぶり厚さを確保しなければならない．かぶり厚さは，部材の構造安全性，耐久性および耐火性を考慮して定める．プレキャスト複合コンクリートでは，プレキャスト複合コンクリート部材の

外部に面する部分のハーフプレキャスト部材または後打ちコンクリート部分のかぶり厚さが対象になる〔解説図2.1参照〕．いずれも，最低限確保されるべき最外側鉄筋のかぶり厚さは，解説表2.2に示すJASS 5の3節における表3.3の最小かぶり厚さとなる．ただし，海水の作用を受けるコンクリートのように，JASS 5で最小かぶり厚さが別途設定されている場合には，それによる必要がある．

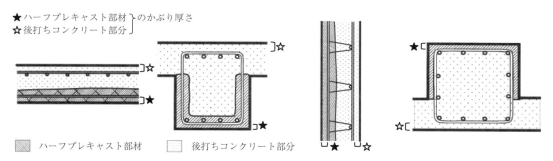

解説図2.1　プレキャスト複合コンクリートのかぶり厚さ（左から，床，梁，壁，柱部材）

解説表2.2　最小かぶり厚さ（JASS 5　表3.3より）

（単位：mm）

部材の種類		短期	標準・長期		超長期	
		屋内・屋外	屋内	屋外[2]	屋内	屋外[2]
構造部材	柱・梁・耐力壁	30	30	40	30	40
	床スラブ・屋根スラブ	20	20	30	30	40
非構造部材	構造部材と同等の耐久性を要求する部材	20	20	30	30	40
	計画供用期間中に維持保全を行う部材[1]	20	20	30	(20)	(30)
直接土に接する柱・梁・壁・床および布基礎の立上り部		40				
基礎		60				

［注］（1）計画供用期間の級が超長期で計画供用期間中に維持保全を行う部材では，維持保全の周期に応じて定める．
　　　（2）計画供用期間の級が標準，長期および超長期で，耐久性上有効な仕上げ〔JASS 5の3節を参照〕を施す場合は，屋外側では，最小かぶり厚さを10 mm減じることができる．

2.3　ハーフプレキャスト部材の性能および品質

a．ハーフプレキャスト部材コンクリートの設計基準強度，耐久設計基準強度および品質基準強度は，下記（1），（2）および（3）による．
（1）設計基準強度は，プレキャスト複合コンクリートの設計基準強度以上とする．
（2）耐久設計基準強度は，プレキャスト複合コンクリートの耐久設計基準強度以上とし，JASS 10の3節による．
（3）品質基準強度は，JASS 10の3節による．
b．コンクリートの圧縮強度は，JASS 10の3節による．
c．調合強度を定める材齢は，28日を標準とする．
d．コンクリートのヤング係数は，JASS 10の3節による．

— 34 —　プレキャスト複合コンクリート施工指針　解説

　　e．コンクリートの耐久性に関する規定は，JASS 10 の 3 節による．
　　f．ハーフプレキャスト部材は，所要の寸法精度を有し，先付部品類は，所定の位置に所要の精度で取り付けら
　　　れていなければならない．
　　g．ハーフプレキャスト部材は，構造安全性上，耐久性上，防水上および美観上支障となるひび割れ，破損など
　　　がないものとする．
　　h．後打ちコンクリート部分との接合面の形状および仕上げは，ハーフプレキャスト部材と後打ちコンクリート
　　　部分との一体性が確保されるものとする．周辺の部材との接合部の形状および仕上げは，接合部の所要の性能
　　　を満足するものとする．
　　i．先付部品類は，構造安全性上，機能上および外観上の支障となる曲がり，損傷，ずれ，ゆがみなどがないも
　　　のとする．
　　j．ハーフプレキャスト部材の仕上がり面は，内外装仕上げ上，耐久性上および美観上の支障となる気泡，豆
　　　板，不陸，汚れなどの欠点がないものとする．
　　k．プレキャスト複合コンクリート部材の外部に面する部分のハーフプレキャスト部材の最小かぶり厚さは，
　　　2.2 g による．また，設計かぶり厚さは，最小かぶり厚さに 5 mm を加えた値以上とする．

　　a．（1）プレキャスト複合コンクリートを構成しているハーフプレキャスト部材コンクリート
と後打ちコンクリートの強度およびヤング係数が極端に異なると，内部応力の連続性が低下するお
それがある．そのため，ハーフプレキャスト部材コンクリートの設計基準強度は，プレキャスト複
合コンクリートの設計基準強度と同じ値にするのが望ましい．必要に応じてそれ以上の値とするこ
とは妨げないが，あまり大きな差にならないようにするのがよい．

　　（2）　ハーフプレキャスト部材は，プレキャスト複合コンクリート部材の外部に面する部分を構
成することが多く，ハーフプレキャスト部材の耐久性は，プレキャスト複合コンクリート部材の耐
久性に大きく関与する．2.2b で述べたように，プレキャスト複合コンクリートの計画供用期間の級
を短期に設定した場合には，ハーフプレキャスト部材コンクリートの耐久設計基準強度は JASS 10
に従って 24 N/mm^2（標準に相当）以上に設定しなければならないため，ハーフプレキャスト部材
コンクリートの耐久設計基準強度は，プレキャスト複合コンクリートの耐久設計基準強度よりも大
きな値となるが，プレキャスト複合コンクリートの計画供用期間の級が標準以上の場合には，プレ
キャスト複合コンクリートと同じ値にすればよい．

　　（3）　JASS 10（2013 年版）では，品質基準強度を構造体から切り取ったコア供試体の圧縮強度
に基づいて定めることにしており，品質基準強度は設計基準強度および耐久設計基準強度以上の値
とし，特記がない場合は，両者のうち大きいほうの値とするとされている．なお，JASS 10（2003
年版）では，品質基準強度を設計基準強度および耐久設計基準強度に構造体コンクリートと部材と
同じ養生を行った強度管理用供試体との差を考慮した割増し（ΔF）を足し合わせた値以上としてい
たが，プレキャスト部材については，供試体を作製する場合と同様に綿密な製造計画と品質管理
のもとに製造されるため，特記がない場合は ΔF を 0 N/mm^2 としてよいとされており，その場合
と品質基準強度の値そのものは変わらない．ただし，2003 年版と 2013 年版の JASS 10 では，品質
基準強度の考え方が異なるので注意されたい．

　　b，c．ハーフプレキャスト部材に関するコンクリートの圧縮強度には，ハーフプレキャスト部
材に用いるコンクリート（JASS 10 における「プレキャスト部材に用いるコンクリート」，JASS 5
における「使用するコンクリート」に相当）の圧縮強度と，ハーフプレキャスト部材コンクリート

2章　プレキャスト複合コンクリートの性能および品質　— 35 —

（JASS 10 における「プレキャスト部材コンクリート」，JASS 5 における「構造体コンクリート」に相当）の圧縮強度がある．前者は JASS 10 の 3.2.4a, b に，後者は JASS 10 の 3.2.4c〜g により，その性能および品質を定める．

（1）　ハーフプレキャスト部材コンクリートの圧縮強度

ハーフプレキャスト部材コンクリートは，脱型時，出荷日および保証材齢のそれぞれの時点において所要の圧縮強度を有していなければならない．このうち，脱型時所要強度および出荷日所要強度は，ハーフプレキャスト部材の脱型時および最短の出荷日に有害なひび割れ・破損を生じないような値として定める．ハーフプレキャスト部材は，後打ちコンクリートと一体化されるまでは半部材で断面が比較的薄い場合が多いため，吊上げ時や運搬時における曲げ応力，振動，衝撃などに加えて，後打ちコンクリートの打込み時における荷重などの影響も考慮して，脱型時所要強度および出荷日所要強度を定める必要がある．壁式プレキャスト鉄筋コンクリート工法に用いられる断面が比較的薄い壁・床部材に加え，ラーメンプレキャスト鉄筋コンクリート工法に用いられる断面が比較的大きい柱・梁部材などの需要の多様化にともなって，JASS 10 では，プレキャスト部材コンクリートの圧縮強度を，従来のプレキャスト部材同一養生した供試体の圧縮強度で評価する方法だけでなく，2013 年版から標準養生した供試体の圧縮強度に強度補正を施して評価する方法なども追加されている．したがって，ハーフプレキャスト部材コンクリートの強度管理用供試体は，品質基準強度およびハーフプレキャスト部材の寸法などに応じて，適切な種類を選定すればよい．

（2）　ハーフプレキャスト部材に用いるコンクリートの圧縮強度

ハーフプレキャスト部材に用いるコンクリートの圧縮強度については，ハーフプレキャスト部材コンクリートが脱型時，出荷日および保証材齢における所要の圧縮強度を満足するために，標準養生した供試体の圧縮強度が満足しなければならない値として調合管理強度および調合強度を定める．なお，JASS 10 では，前述したプレキャスト部材の需要の多様化を考慮して，調合強度を定める材齢は特記によるとして自由度を持たせているが，ハーフプレキャスト部材は断面が比較的薄い場合が多いため，本指針では，調合強度を定める材齢は 28 日を標準とした．

d．ハーフプレキャスト部材コンクリートのヤング係数は，設計で要求された値と併せて，JASS 10 に規定された目標値を満足しなければならない．JASS 10 における規定は，一般的な材料を用いたコンクリートと比べて，ヤング係数が大幅に下回る低品質なコンクリートでないことを確認することを主旨としている．なお，同一骨材および同一種類の混和材を用いた場合には，圧縮強度からヤング係数の値を概ね推定できるため，事前に試し練りや信頼できる資料などを基に，コンクリートのヤング係数を確認しておけばよい．

e．ハーフプレキャスト部材は，その製造過程で蒸気養生が行われることが多いため，その耐久性は，同様に蒸気養生が想定されている JASS 10 の規定による．JASS 10 では，コンクリート中の塩化物による鉄筋の発錆の速度および程度に蒸気養生が及ぼす影響は顕著ではないという報告と影響があるという報告があり，いずれの傾向が実情をより良く示す結果であるか特定しにくいため，コンクリートに含まれる塩化物の量は塩化物イオン量として 0.30 kg/m³ 以下とし，JASS 5 における鉄筋防錆上有効な対策を講じる場合の緩和は認められていない．アルカリシリカ反応について

は，温度や湿度の影響を受けるとされているが，製造過程における高い養生温度・湿度は一時的なものであり，現場打ちコンクリートと大差ないとのことから，JASS 10 では一般的な抑制対策が示されている．

また，コンクリートのひび割れに対する意識の高まりから，JASS 5 では 2009 年版から乾燥収縮率に関する規定が盛り込まれたことを踏まえ，JASS 10 でも耐久性上有害なひび割れが生じないものとすると規定された．ただし，プレキャスト部材，特に板状で部材厚が小さいプレキャスト部材は，乾燥初期の最も収縮量が大きい期間に他の部材から収縮変形を拘束されることがなく，現場打ちコンクリートと比べると乾燥収縮によるひび割れの危険性は低いとされているため，JASS 10 では，乾燥収縮率を試験によって確認する規定は設けられておらず，ハーフプレキャスト部材についても同様と考えればよい．

その他，特殊な劣化作用を受ける場合の対策については，JASS 5 の 3 節を参考に定めるのがよい．

f．ハーフプレキャスト部材の寸法精度は，ハーフプレキャスト部材自体の寸法精度と先付部品の取付位置の精度に分けられ，建築物の用途，構造形式，工法などによりその部材の納まり状態が異なるため，寸法精度に関する許容差は一律には定められないが，一般的には，JASS 10 の 3 節に示された許容差の例〔解説表 2.3 参照〕などを参考に定めるとよい．なお，ハーフプレキャスト部材どうしの接合部は，狭小で組立て時に寸法誤差を吸収することが厳しい場合も多いため，ハーフプレキャスト部材の寸法精度は，一般に，JASS 5 で規定されている構造体および部材の寸法許容差（柱・梁・壁の断面寸法および床スラブ・屋根スラブの厚さで $-5 \sim +20\,\mathrm{mm}$）よりも範囲が狭く設定される．

g．ハーフプレキャスト部材の品質は，プレキャスト複合コンクリート部材の品質に大きな影響を及ぼすため，構造安全性上，耐久性上，防水上および美観上支障となるようなひび割れ・破損があってはならず，ハーフプレキャスト部材の製造の段階で十分な注意が必要である．軽微な破損については，モルタル充填などの方法で補修できるが，大きな破損については，その程度により適切な補修を必要とする．具体的な補修方法を定める際には，関連指針などを参考にするとよい．

h．ハーフプレキャスト部材と後打ちコンクリートとが一体となるように，ハーフプレキャスト部材の後打ちコンクリートとの接合面は，十分な付着力を有し，せん断力を十分伝達できる機能を有する必要があり，はけ引き仕上げ，コッター仕上げなどとする．詳細は 4.7 による．また，本会「現場打ち同等型プレキャスト鉄筋コンクリート構造設計指針（案）・同解説（2002）」の 4.2「プレキャストコンクリート接合部の設計の原則」を参考にするとよい．

i．ハーフプレキャスト部材に取り付けられた先付部品は，取り付けられた状態での品質が確保されていなければならない．接合用金物に大きな損傷や取付け位置の間違いが生じた場合，ハーフプレキャスト部材の構造安全性やその他の必要な機能が損なわれるので，このようなハーフプレキャスト部材は廃棄処分としなければならない．また，接合用金物などに余分なコンクリートが付着していてはならない．ハーフプレキャスト部材を長期間貯蔵する場合は，接合用金物などに有害な錆が発生しないように措置を講じる．

解説表 2.3 プレキャスト部材の寸法および先付部品類の取付位置の許容差の例（JASS 10　解説表 3.2 より）

（単位：mm）

項目	許容差				
	柱・壁柱	梁	耐力壁	床・屋根	その他[1]
プレキャスト部材の長さ	±5	±10	±10 （±5）[*1] （±3）[*2]	±5	
プレキャスト部材の幅，せい	±5		—		±5
プレキャスト部材の厚さ	—		±3		
面のねじれ 面の反り 面の凹凸	5				
部材辺の曲がり	3		5 （3）[*2]	5	
対角線長差	5		10 （5）[*1, *2]	5	
接合用金物の位置	±3			±5	
接合用鉄筋の位置	±5		±10		
接合用鉄筋の傾き	1/40		—		
先付部品の位置[2]	±3～10				

　［注］（1）　その他の部材とは，階段，非耐力壁，手すりなどの部材をいう．
　　　　（2）　先付部品は，その種類や用途別に許容差が異なるので，施工計画書にその値を定める．
　　　　（3）　＊1および＊2は，それぞれ壁式プレキャスト鉄筋コンクリート工法の内壁部材および外壁部材を示す．

　j．ハーフプレキャスト部材コンクリートの上面の仕上げは，木ごて仕上げ，はけ引き仕上げおよび金ごて仕上げの3種類に分類される．仕上げの種類および程度は，部材製造図に明記しておくとよい．

　室内の壁および天井などで壁紙を直接貼る場合もしくは塗装仕上げとする場合には，ハーフプレキャスト部材の表面仕上げは凹凸がないように平滑に行う．型枠面の気泡，凸部の存在もその程度によっては仕上材の施工に支障をきたす場合がある．そのような場合には，工場であらかじめ補修を施しておき，現場での下地調整はできるだけ行わないようにする．

　また，ハーフプレキャスト部材に打ち込まれたタイル仕上げ面には，タイルの破損や浮き，目地の通りの乱れなどがあってはならない．ハーフプレキャスト部材の表面にゴムマット，発泡プラスチックなどでレリーフ仕上げを施す場合には，レリーフ仕上げ部分の厚さが最小寸法となる位置で所定のかぶり厚さを確保できるように，ハーフプレキャスト部材の厚さを定めなければならない．

　k．ハーフプレキャスト部材において，プレキャスト複合コンクリート部材の最外側となる鉄筋は，所要の最小かぶり厚さを満足しなければならない．設計かぶり厚さは，施工誤差などを勘案して決定しなければならないが，ハーフプレキャスト部材では現場施工のコンクリート部材よりも施工誤差が小さいと考えられるため，JASS 10 に従って最小かぶり厚さに5mmを加えた値とした．

ただし，例えばハーフプレキャスト部材から後打ちコンクリート部分に突出させる主筋では，主筋どうしを接合するスリーブやカプラーの径なども考慮し，後打ちコンクリート部分でも 2.4h で後述する所要のかぶり厚さが確保できるように，ハーフプレキャスト部材のかぶり厚さを設定しなければならない．なお，ハーフプレキャスト部材の後打ちコンクリートに接して外部に面さない部分については，本項の適用外である．

2.4 後打ちコンクリート部分の性能および品質

a．後打ちコンクリートの設計基準強度，耐久設計基準強度および品質基準強度は，下記（1），（2）および（3）による．
（1）設計基準強度は，プレキャスト複合コンクリートの設計基準強度以上とする．
（2）耐久設計基準強度は，プレキャスト複合コンクリートの耐久設計基準強度以上とする．
（3）品質基準強度は，JASS 5 の 3 節による．
b．コンクリートの使用材料，施工条件，要求性能などによる種類は，JASS 5 による．
c．コンクリートのスランプまたはスランプフローは，JASS 5 の 3 節による．
d．コンクリートの圧縮強度は，JASS 5 の 3 節による．
e．コンクリートのヤング係数は，JASS 5 の 3 節による．
f．コンクリートは，ハーフプレキャスト部材との接合面および周辺の部材との接合部において，収縮による耐久性上有害なひび割れが生じないものとする．
g．コンクリートの耐久性に関する規定は，JASS 5 の 3 節による．
h．後打ちコンクリート部分の設計かぶり厚さは，JASS 5 の 3 節による．ただし，プレキャスト部材に挟まれた後打ちコンクリート部分の設計かぶり厚さは，プレキャスト複合コンクリートの最小かぶり厚さに 5 mm を加えた値以上とする．

a．（1） プレキャスト複合コンクリートを構成しているハーフプレキャスト部材コンクリートと後打ちコンクリートの強度およびヤング係数が極端に異なると，内部応力の連続性が低下するおそれがある．そのため，後打ちコンクリートの設計基準強度は，プレキャスト複合コンクリートの設計基準強度と同じ値にするのが望ましい．必要に応じてそれ以上の値とすることは妨げないが，あまり大きな差にならないようにするのがよい．

（2） 後打ちコンクリートの耐久設計基準強度は，後打ちコンクリートがハーフプレキャスト部材に囲まれた内部に打ち込まれる場合には，必ずしもプレキャスト複合コンクリートの耐久設計基準強度以上であることが必要になるとは限らないが，外部に面する場合には，プレキャスト複合コンクリートの耐久設計基準強度以上であることが必要となり，通常はプレキャスト複合コンクリートと同じ値にすればよい．

（3） JASS 5 では，2009 年版から品質基準強度を構造体から切り取ったコア供試体の圧縮強度に基づいて定めることにしており，品質基準強度は設計基準強度および耐久設計基準強度以上の値とし，特記がない場合は，両者のうち大きいほうの値とするとされている．

b．JASS 5 の 12〜30 節では，使用材料，施工条件，要求性能などの違いによって区分した特別仕様のコンクリートについて規定している．後打ちコンクリートについても，その使用材料および施工条件による種類が該当する JASS 5 の節の仕様を適用しなければならない．

後打ちコンクリートの要求性能による種類は，プレキャスト複合コンクリートの要求性能による

2章　プレキャスト複合コンクリートの性能および品質　— 39 —

種類と同じである．ただし，プレキャスト複合コンクリートが，海水の作用を受けるコンクリートあるいは凍結融解作用を受けるコンクリートに適用される場合であっても，後打ちコンクリートがハーフプレキャスト部材の内部に打ち込まれ，それ自身が海水の作用または凍結融解作用を直接受けない場合には，後打ちコンクリートを海水の作用を受けるコンクリートあるいは凍結融解作用を受けるコンクリートの仕様にしなくてもよい．

　　ｃ．後打ちコンクリートでは，ハーフプレキャスト部材間などの狭小部への充填性が求められることも多く，また，ハーフプレキャスト部材との接合面における一体性をより確実にすることが重要であるため，所要の充填性を有するコンクリートを使用する必要がある．なお，ハーフプレキャスト部材や型枠で囲まれた部分に打ち込まれ，自己充填性が求められるような場合には，高流動コンクリートの適用が必要になるが，この場合のスランプフローは，JASS 5 の 16 節によればよい．

　　ｄ．後打ちコンクリート部分に関するコンクリートの圧縮強度には，JASS 5 における使用するコンクリートの強度と構造体コンクリート強度がある．前者は JASS 5 の 3.7a に，後者は JASS 5 の 3.7b により，その性能および品質を定める．

　　JASS 5 では，2009 年版から品質基準強度を構造体から切り取ったコア供試体の圧縮強度に基づいて定めることにしており，標準養生した供試体の材齢 28 日の圧縮強度が調合管理強度以上であれば，コア供試体の材齢 91 日の圧縮強度が品質基準強度未満となる確率はきわめて低いため，標準養生した供試体による構造体コンクリート強度の判定が基本となっている．ただし，構造体の要求性能を得るために最終的に保証しなければならない品質基準強度とは別に，コンクリートの強度発現に対して施工上要求される条件として，せき板や支保工の取外しに必要な強度については，従来適用されていた現場水中養生供試体または現場封かん養生供試体によることとされている．

　　ｅ．プレキャスト複合コンクリートのヤング係数が要求された場合は，ハーフプレキャスト部材コンクリートのみならず後打ちコンクリートのヤング係数も所要の値を満足することをあらかじめ試験により確かめ，さらに接合面における一体性を確保することが必要である．また，後打ちコンクリートのヤング係数は，設計で要求された値と併せて JASS 5 に規定された目標値を満足しなければならない．JASS 5 における規定は，一般的な材料を用いたコンクリートと比べて，ヤング係数が大幅に下回る低品質なコンクリートでないことを確認することを主旨としている．なお，同一骨材および同一種類の混和材を用いた場合には，圧縮強度からヤング係数の値を概ね推定できるため，事前に試し練りや信頼できる資料などを基に，コンクリートのヤング係数を確認しておけばよい．

　　ｆ．後打ちコンクリートは乾燥とともに収縮が進行し，乾燥収縮率が大きい場合には，後打ちコンクリート自体，さらにはハーフプレキャスト部材との接合面および周辺部材との接合部において有害なひび割れが生じるおそれがある．近年，コンクリートのひび割れに対する意識の高まりから，JASS 5 では，2009 年版から乾燥収縮率は特記によるという規定が盛り込まれた．これらのことを踏まえ，本指針でも，コンクリートの収縮による耐久性上有害なひび割れ〔JASS 5 の 3 節参照〕が生じないものにすることとした．

　　ｇ．後打ちコンクリートの耐久性は，一般の現場打ちコンクリートと同様に，JASS 5 の規定に

よる．蒸気養生の影響などを勘案し，鉄筋防錆上有効な対策を講じる場合の緩和が認められていないハーフプレキャスト部材コンクリートに対して，後打ちコンクリートでは，鉄筋防錆上有効な対策を講じることで，塩化物イオン量の上限を 0.60 kg/m³ を超えない範囲で緩和することもできる．

　h．後打ちコンクリートのかぶり厚さは，JASS 5 の 3 節による．実際には外部に面する部分がハーフプレキャスト部材で構成されている場合が多いが，後打ちコンクリートが外部に面する箇所がある場合は，その箇所のかぶり厚さは JASS 5 の 3 節の規定を満足しなければならない．

　また，プレキャスト部材に挟まれた後打ちコンクリート部分で，プレキャスト部材からの主筋どうしを突出させて接合し，その接合部分に後打ちコンクリートを打ち込む場合〔解説図 2.2（a）参照〕には，後打ちコンクリート部分のかぶり厚さの精度はプレキャスト部材の場合と同等であると考えられるため，ハーフプレキャスト部材の場合と同様に設計かぶり厚さを最小かぶり厚さに 5 mm を加えた値以上とすることができる．

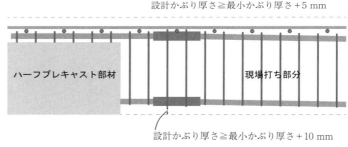

解説図 2.2　後打ちコンクリート部分の設計かぶり厚さ

3章 施 工 計 画

3.1 総　　則

> a．本章は，プレキャスト複合コンクリートの施工計画に適用する．
> b．施工計画では，ハーフプレキャスト部材と後打ちコンクリート部分の一体性が確保できるように工法を立案する．

　a，b．本章は，本指針の適用範囲であるプレキャスト複合コンクリート工事の施工計画に適用する．本章に記載のない事項のうち，施工計画の一般共通事項については，JASS 1 の 4 節による．ハーフプレキャスト部材の施工計画については，JASS 10 の 1 節による．後打ちコンクリートの施工計画については，JASS 5 の 1 節による．

　プレキャスト複合コンクリート工事では，ハーフプレキャスト部材と後打ちコンクリート部分の一体性の確保が特に重要であり，一体性が確保されるように適切な工法を立案する必要がある．

3.2 施工計画書

> a．施工者は，工事開始前に，設計図書に示されたプレキャスト複合コンクリートの構法を確認して，プレキャスト複合コンクリート工事を含む鉄筋コンクリート工事の施工図および施工計画書を作成し，工事監理者の承認を受ける．
> b．施工計画書には，次の事項を記載する．
> （1）　組織体制
> （2）　工程計画
> （3）　仮設計画
> （4）　ハーフプレキャスト部材の製造・運搬計画
> （5）　ハーフプレキャスト部材の組立て・接合および支保工計画
> （6）　後打ちコンクリート部分の施工計画
> （7）　品質管理計画
> （8）　安全管理計画

　a．プレキャスト複合コンクリートは，建築物のさまざまな部位に適用され，それらの仕様も多種多様である．適用箇所やその仕様は，設計者が発注者の要求や施工を左右する諸事情を勘案して設計したものなので，施工者は，設計意図と設計内容を正しく理解して施工する必要がある．このような設計者の意図には，プレキャスト化の利点である現場作業の省力化や工期の短縮なども含まれる．施工者は，設計図書を確認・検討して施工図を作成し，施工計画を適切に立案するために，設計者と協議する必要がある．立案した施工図および施工計画書については，工事開始前に工事監理者の承認を受ける必要がある．

　プレキャスト複合コンクリート部材は，構造部材としての役割を担うが，それにとどまらず，設備部品や配管のための開口，タイル・サッシ・下地材などの内外装仕上材も複合される場合が少なくない．このように多くの設計領域に関わるので，ハーフプレキャスト部材は個別発注となり，規

格製品のような先行生産が困難であることも多い．ハーフプレキャスト部材の製造期間は，各工事で要求されるハーフプレキャスト部材の種類・数量によって異なるが，概略は解説図3.1に示すとおりであり，ハーフプレキャスト部材の詳細の決定および承認に約2か月，材料の手配および型枠の製作に1～1.5か月，ハーフプレキャスト部材の製造から出荷までに約3か月，合計で約6か月が必要となる．すなわち，プレキャスト複合コンクリート工事では，一般の鉄筋コンクリート工事と比べて，かなり早期に部材の仕様が決定されていなければならない．施工者だけでなく，設計者もこの点に十分配慮する必要がある．

設計者が設計変更を行う場合には，施工者と十分に協議し，変更による施工手順への影響を把握するとともに，製造期間の変更による工程の変動や他のプレキャスト部材の出荷時期との整合性についても十分検討する．

施工者は，設計上および施工上の要求性能・品質の整合性を確認し，問題がある場合は，設計者と協議して解決する．設計図書に記載のない事項でも，施工上の要求品質を確保するために必要な事項については，十分に検討した上で施工計画書に反映する．なお，プレキャスト複合コンクリートの要求性能・品質については，2章を参照されたい．

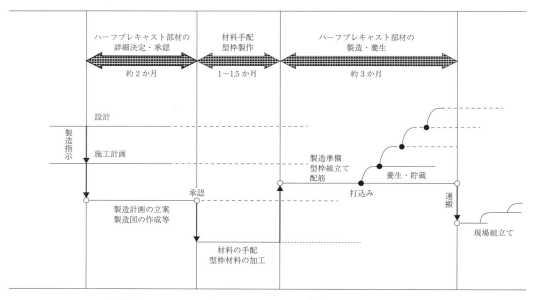

解説図3.1　ハーフプレキャスト部材の事前計画・製造工程の例

解説図3.2に，建築工事におけるプレキャスト複合コンクリート工事の施工図，施工計画書，施工要領書などの位置付けを示す．本指針では，解説図3.2に示す文書の構成および役割分担を想定している．なお，一般に，プレキャスト複合コンクリート部材は，建築物の一部の部材に採用されることが多いので，プレキャスト複合コンクリート工事を含む建築工事では，多くの場合，現場打ちコンクリートによる鉄筋コンクリート工事あるいはプレキャスト鉄筋コンクリート工事も行われる．これらの工事には重複するところがあるので，プレキャスト複合コンクリート工事の施工図・

施工計画書は，鉄筋コンクリート工事またはプレキャスト鉄筋コンクリート工事の施工図・施工計画書の一部として記載される場合がある．本指針は，プレキャスト複合コンクリート工事が独立した項目として記載されているか否かにかかわらず，適用できる．

施工図は，躯体図，配筋図，組立図などからなる．施工者（元請業者）は，設計図書を基に施工図を作成する．施工図の作成においては，必要に応じて設計者と協議し，設計上，施工上の要求性能・品質とそれらの整合性を確認する．例えば，ハーフプレキャスト部材の接合部では，定着部の鉄筋や接合用金物などが錯綜し，施工順序によっては納まらない場合もあるので，注意する．

施工者（専門工事業者，ここではハーフプレキャスト部材の製造工場）は，施工図・施工計画書に基づいて，ハーフプレキャスト部材製造図および割付図を作成する．部材製造図の作成にあたっては，必要に応じて設計者および施工者（元請業者）と協議し，施工上の要求性能・品質とそれらの整合性を確認する．本指針の付録には，ハーフプレキャスト部材の組立断面図を示したので，参考にするとよい．

プレキャスト複合コンクリート部材は，ハーフプレキャスト部材と後打ちコンクリート部分とが

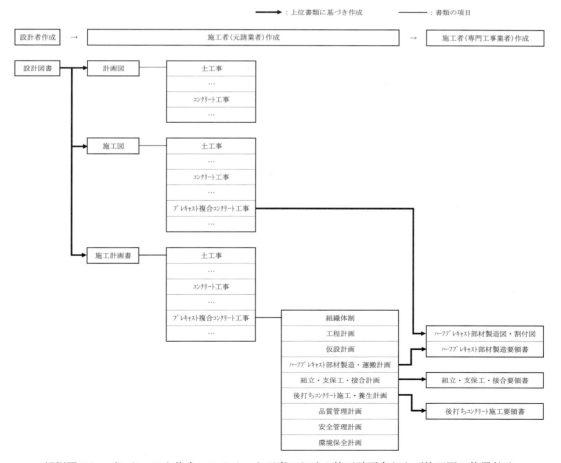

解説図 3.2　プレキャスト複合コンクリート工事における施工計画書および施工図の位置付け

一体となることで部材として構成されるので，柱，壁，梁および床などの各部材の接合部が非常に複雑となる．したがって，各部材およびその接合部の工法の計画が，後打ちコンクリートの充填性，さらには部材や構造体としての一体性に大きな影響を及ぼす．各部材とその接合部の計画にあたって留意すべき事項を示す．

（1） 柱部材およびその接合部の計画

柱部材の計画における主な留意事項は，解説図3.3中に示すように，各章で詳述した．柱部材では，ハーフプレキャスト部材で後打ちコンクリートが囲われていて，コンクリートの充填状況を目視で確認しにくいので，事前の施工実験によって，コンクリートの充填性を確認しておく必要がある．また，打込み時に充填を確認できる手法[例えば1)]の採用も検討するとよい．

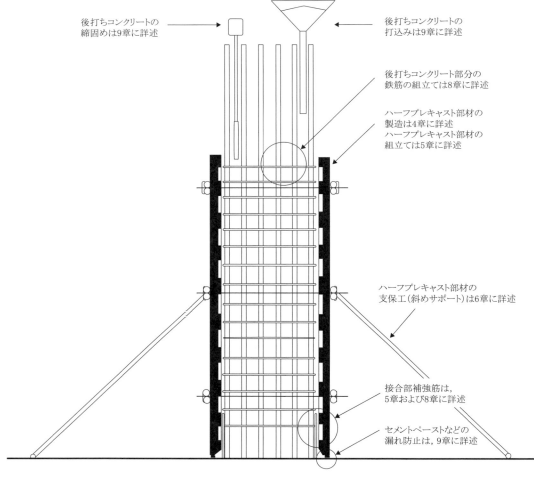

解説図3.3　柱部材およびその接合部の計画

（2） 壁部材およびその接合部の計画

壁部材の計画における主な留意事項は，解説図3.4中に示すように，各章で詳述した．外周壁にプレキャスト複合コンクリート部材を用いる場合，ハーフプレキャスト部材を外側とすることが多

い．この場合，外側にはタイル張りや塗装などの仕上げが施されていることもある．ハーフプレキャスト部材の組立てにあたっては，仕上材が破損しないように計画するとともに，適切な組立精度が得られるように計画する．壁の両面をハーフプレキャスト部材で構成する場合には，打込み時にはコンクリートの充填を確認しにくいので，事前の実験によって，コンクリートの充填性を確認しておく必要がある．また，打込み時に充填を確認できる手法[例えば1)]の採用も検討するとよい．

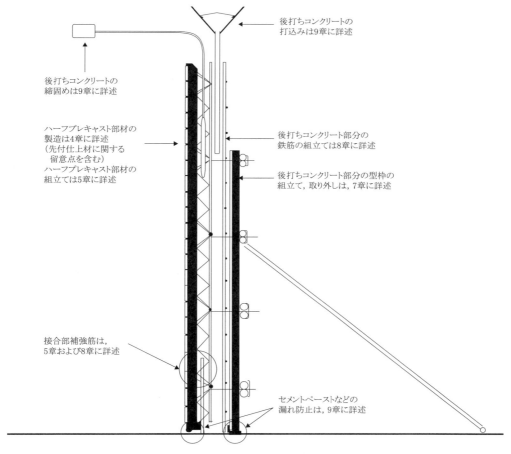

解説図 3.4　壁部材およびその接合部の計画

（3）梁部材およびその接合部の計画

梁部材の計画における主な留意事項は，解説図 3.5 および解説図 3.6 に示すように，各章に詳述した．梁のハーフプレキャスト部材は，鉛直部材の構造性能が十分に発揮されてから組み立てる場合と，仮設材などで支持して組み立てる場合とがある．それぞれの場合で配慮すべき事項が異なるので，留意する必要がある．

また，梁部材の鉄筋工事については，梁の交差部の配筋，端部の定着および中間部の鉄筋の接合などの組立方法について十分な検討を行い，無理なく配筋が行えるように計画する．

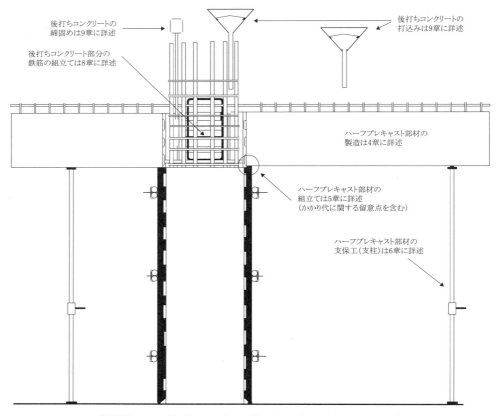

解説図 3.5 梁部材およびその接合部の計画（十字型接合部）

（4） 床部材およびその接合部の計画

床部材の計画における主な留意事項は，解説図 3.7 および解説図 3.8 に示すように，各章に詳述した．ハーフプレキャスト部材どうしや周辺の部材との接合部は，接合部補強筋を用いるなどして，十分な強度・剛性となるように計画する．また，ハーフプレキャスト部材と後打ちコンクリート部分の接合面は，コッターや接合面補強筋により，一体性が確保できるように計画する．

b．施工計画書には，次の（1）〜（8）の事項を含むこととする．

（1） 組織体制

施工計画を確実かつ円滑に実施するためには，適切な施工体制を構築することが重要である．プレキャスト複合コンクリート工事では，ハーフプレキャスト部材を施工現場とは異なる場所で製造し，それを施工現場に持ち込んで組み立てることが多いので，施工体制は，ハーフプレキャスト部材の製造者を含んで組織する．

（2） 工程計画

工程計画は，工事全体の中でのハーフプレキャスト部材の組立て開始から完了までの期間を設定し，ハーフプレキャスト部材製造図の作成期間，製造工場での製造期間などが十分に確保できるように立案する．特に，杭工事や地下工事のない建築物の場合は，着工からハーフプレキャスト部材

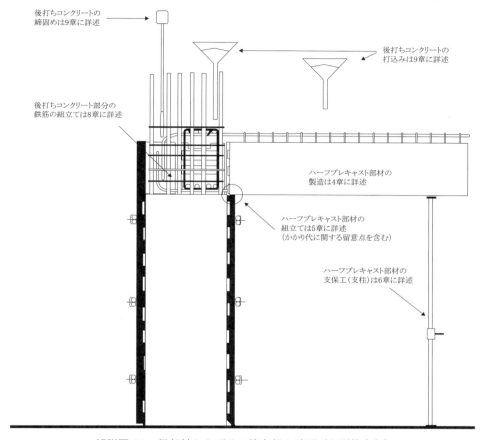

解説図 3.6 梁部材およびその接合部の計画（ト型接合部）

の組立て開始までの期間が短いため，ハーフプレキャスト部材の製造に必要な工程を確保することが困難な場合もあるので注意する．プレキャスト複合コンクリート工事の工程は，事前計画工程，工場での製造工程，ハーフプレキャスト部材の組立て・接合工程および後打ちコンクリートの施工工程から構成されている．相互に密接な関係があるので，それぞれの計画に対する検討期間を十分に確保する必要がある．施工者は，設計者および工事監理者ならびにハーフプレキャスト部材の製造者と密に連絡して計画の作成を進めなければならない．各工程の計画にあたっては，下記の（ⅰ）～（ⅲ）の事項に留意する．

（ⅰ）事前計画工程

着工からハーフプレキャスト部材の製造開始までの事前計画の工程では，次の①～⑨の検討を行うための期間を確保する．

① 施工現場における受入れ・仮置きおよび組立て・接合の方法
② 製造工場の選定
③ 先付部品類の発注および製作
④ ハーフプレキャスト部材に関連する設備設計

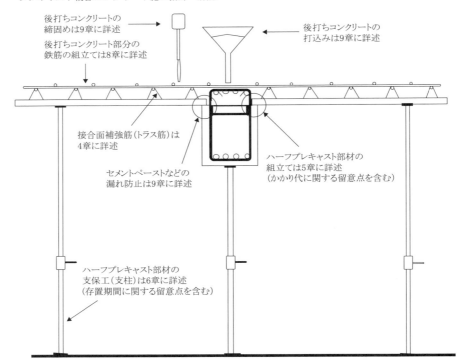

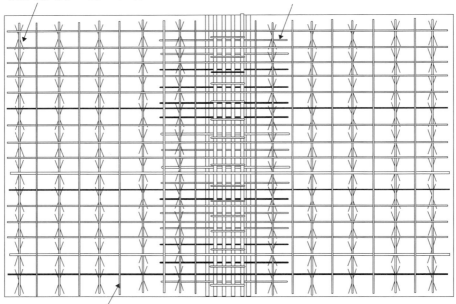

解説図 3.7 床部材およびその接合部の計画
（床のプレキャスト複合コンクリート部材が梁の両側にある場合）

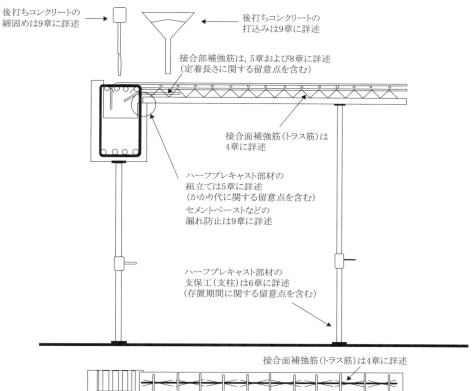

解説図 3.8　床部材およびその接合部の計画
　　　（床のプレキャスト複合コンクリート部材が梁の片側にある場合）

⑤　製造図の作成と承認

⑥　製造用型枠の発注および製作

⑦　ハーフプレキャスト部材に使用するコンクリートの性能の確認

⑧　試作部材の製造および施工実験（必要に応じて）

⑨　固定工場以外で製造する場合は，工場の設置計画・設置準備および製造訓練など

　これらのうち，ハーフプレキャスト部材の接合方法の検討期間および先付部品類の発注時期と製作期間はクリティカルパスになりがちであるので，十分な検討期間が必要である．

（ⅱ）　ハーフプレキャスト部材の製造工場での製造工程

　ハーフプレキャスト部材の種類別の製造開始から最後の出荷までの工程を計画する．各ハーフプレキャスト部材は，製造，養生，運搬に必要な期間を十分確保した上で，施工現場での組立工程に支障のないように出荷されなければならない．以下に，ハーフプレキャスト部材の製造工程で必要な検討事項を示す．

①　ハーフプレキャスト部材の製造開始から最後の出荷までの期間と１日あたりの製造数量

②　各ハーフプレキャスト部材の出荷時期

　ハーフプレキャスト部材は，１つの型枠で１日に１回の製造工程（１サイクル）を実施するのが一般的である．２サイクルとした場合には，品質に問題が生じることも懸念されるため，ハーフプレキャスト部材の製造工程は１サイクルを標準として計画する．

（ⅲ）　施工現場での受入れ・組立て・接合工程および後打ちコンクリートの施工工程

　建築物の規模・形状，プレキャスト複合コンクリート部材の採用部位・数量，接合の位置・方法などの設計条件と，ハーフプレキャスト部材の組立順序，組立用揚重機の能力・使用台数，作業人員などの施工条件の双方を考慮し，経済性，安全性を確認した上で施工現場における受入れ・仮置きおよび組立て・接合の工程を立案する．

　プレキャスト複合コンクリート部材を採用した建築物では，プレキャスト化の利点である施工現場における作業の省力化や工期の短縮などを目指していることが多い．その結果，同じ平面プランの階が多い建築物において採用される傾向がある．このような建築物で作業員および揚重機の効率化を図る方法の一つとして，例えば，基準階の規模に応じて作業工区を複数に分割する方法（いわゆるタクト手法）がある．この方法では，各工区のハーフプレキャスト部材の組立てなど主要作業の反復と継続により平準化を図り，効率化を実現する．プレキャスト複合コンクリート工事では，揚重機の設置台数によっても異なるが，地上躯体工事の工期（基準階タクト工程）を現場打ち鉄筋コンクリート工事に比べて短縮できる．

（3）　仮設計画

　仮設工事は，JASS 2 に基づいて計画する．ただし，ハーフプレキャスト部材の揚重・仮置き場・搬入，足場計画などのプレキャスト鉄筋コンクリート工事に特有の仮設計画については，JASS 10 の１節による．仮設計画では，プレキャスト複合コンクリート工事を含む鉄筋コンクリート工事と仕上工事，設備工事などのおのおのの施工方法および関連性を検討し，安全で経済的であるように計画する．仮設計画は，次の（ⅰ）～（ⅲ）のように立案する．

（ⅰ）　工事敷地内の配置計画

　配置計画は，ハーフプレキャスト部材の製造を固定工場で行う場合と施工現場などに設置される仮設の工場で行う場合とで異なる．特に敷地が狭い場合には，ハーフプレキャスト部材の種類・形状別の生産量，貯蔵スペースなどを総合的に判断して配置計画しなければならない．プレキャスト複合コンクリート工事では，アジテータ車・コンクリートポンプ車の設置スペースや資機材の搬入用スペースといった現場打ち鉄筋コンクリート工事に必要なスペースに加えて，ハーフプレキャスト部材の運搬車両の設置やハーフプレキャスト部材の仮置きなどのスペースを確保する必要がある．したがって，基準階のタクト工程を詳細に検討し，①ハーフプレキャスト部材の搬入および組立て日には，コンクリートの打込みや資機材の搬入を避ける，②同一敷地内に高層棟と低層棟がある場合には，高層棟の躯体工事が完了してから低層棟の工事に取りかかる，などの方法によって仮設用スペースを確保する必要がある．

（ⅱ）　揚重計画

　ハーフプレキャスト部材の揚重は，JASS 10 の 9 節に基づいて計画する．工事用機械全般については，JASS 2 の 6 節に基づいて計画する．揚重計画では，次の①〜③のような事項を検討して，揚重機の機種を選定し，設置台数・場所を定める．

①　揚重機選定のための検討事項

・ハーフプレキャスト部材の形状・寸法

・仕上材，設備機器，仮設材料などの形状・寸法・重量・数量

・揚重物の吊上げおよび取付け位置

②　揚重機の設置場所の検討

・敷地の立地条件：敷地の形状・高低差，周辺建物の状況，架線など

・建築物の規模：平面形状，面積，階数・最高部高さなど

・設置位置：地盤，基礎，架台など

③　揚重機の能力・特性

・作業性能：作業半径，巻上げ荷重・速度・高さなど

・機動性：稼動・取付けの難易度など

・組立て，解体：組立て・解体方法，クライミングの作業性

④　安全および経済性

・使用期間，関連工事への適応性・汎用性，基礎・架台・走行路盤，作業床の設置など

（ⅲ）　足場計画

　足場は，JASS 2 の 5 節に基づいて計画する．プレキャスト複合コンクリート工事に特徴的な事項としては，以下のようなものがある．いずれの場合も，建築物の高さ・外観形状，敷地環境，採用する工法の種類などを勘案して，安全性を優先して計画することが重要である．

　十数階程度の中高層建築物の場合，通常はハーフプレキャスト部材の組立てに先行して外部足場を組み立てる．その際，足場の先端を作業床面から 1.5 m 程度高くすると，外周床面上での作業に安全である．また，中高層の集合住宅のバルコニーとなるハーフプレキャスト部材に，あらかじめ

地上で仮設または本設の（鋼製やプレキャストコンクリート製の）手すりを先行して取り付けて安全設備とする方法もある．また，建築物が隣地に近接している場合などでは，2～3階分の高さのユニット足場をハーフプレキャスト部材の組立てを行う床面より先行して，揚重機を使って盛り替えながら設置する方法もある．足場周囲にネットを張ることにより，風その他による飛来や落下の防止対策としても有効である．

（4）　ハーフプレキャスト部材の製造・運搬計画

ハーフプレキャスト部材の製造・運搬計画は，次の（ i ）および（ ii ）のように立案する．立案した製造・運搬計画に基づいてハーフプレキャスト部材を実際に製造・運搬するための具体的な要領については，4章に示したので，参照されたい．

（ i ）　ハーフプレキャスト部材の製造計画

主に，次の①～⑥の資料・情報を基に，ハーフプレキャスト部材の製造計画を立案する．

①　プレキャスト複合コンクリート工事の全体工程表

②　ハーフプレキャスト部材の組立工程表（種類別に組立順序および数量を表示）

③　ハーフプレキャスト部材の種類・形状・寸法・数量

④　ハーフプレキャスト部材の詳細図（先付部品なども表示）

⑤　ハーフプレキャスト部材の配筋図（補強筋，用心鉄筋，吊上用金物なども表示）

⑥　ハーフプレキャスト部材の要求品質（材料，強度，かぶり厚さ，寸法許容差，仕上げなど）

ハーフプレキャスト部材の種類・形状・寸法・数量および製造期間を検討し，経済的な型枠数となるように計画する．ハーフプレキャスト部材の組立てまでに十分な製造期間を確保できない場合には，組立順序を考慮して，優先するハーフプレキャスト部材から部材製造図の作成を進める．

主に，次の①～⑨の項目について，ハーフプレキャスト部材の製造計画を立案する．

①　製造工場の概要：工場名，所在地，工場組織，担当者など

②　材料・部品：コンクリート材料，鉄筋，鋼材，接合用金物，先付部品など

③　コンクリートの調合：設計基準強度，脱型時・出荷日所要強度，計画調合など

④　養生：加熱方法，養生時間・温度など

⑤　コンクリートの強度管理：試験時期，判定方法など

⑥　製品規格：寸法許容差，表面仕上げなど

⑦　製造工程：サイクル工程，ハーフプレキャスト部材の種類別製造工程など

⑧　検査規定：自主検査方法，立会検査時期・方法，報告書の書式・提出時期など

⑨　貯蔵方法：ハーフプレキャスト部材の貯蔵方法，出荷までの養生方法など

（ ii ）　ハーフプレキャスト部材の運搬計画

ハーフプレキャスト部材では薄い部材が多いことを考慮し，運搬中に有害なひび割れ・破損が生じないように，運搬用車種，架台，積載，養生方法などを検討して，運搬計画を立案する．また，製造工場から施工現場までの運搬ルートを調査し，ハーフプレキャスト部材の形状・重量，運搬車種などによって異なる道路交通法の規制を確認する．

（5）　ハーフプレキャスト部材の組立て・接合および支保工計画

　ハーフプレキャスト部材の組立て・接合および支保工の計画は，次の（ⅰ）および（ⅱ）のように立案する．立案した施工計画に基づく具体的な要領については，組立て・接合に関する事項を5章，支保工に関する事項を6章に示したので，参照されたい．

（ⅰ）　ハーフプレキャスト部材の組立て・接合の計画

　ハーフプレキャスト部材の組立て・接合の計画では，建築物全体の計画および各階ごとの計画を作成する．

　全体の計画は，建築物の規模・平面形状・階数の他に，敷地条件，揚重機の種類・能力・使用台数などにより，その方法・手順・内容などが異なる．設計条件はもとより施工条件や敷地条件を十分に把握して，各階のハーフプレキャスト部材の組立て・接合方法・手順，内容などと照合しながら，施工計画を立案する．立案にあたっては，施工時の安全性およびプレキャスト複合コンクリート工事の利点である作業の省力化や工期の短縮が実現できるようにする．

　各階の計画は，鉛直部材（柱，壁など）と水平部材（梁，床など）の2つに大きく分かれる．鉛直部材である柱が現場打ち鉄筋コンクリート部材の場合を例にとると，次の2つの方法がある．いずれの方法を採るかを適切に判断して，施工計画に記載する．

①　梁下端まで鉛直部材の現場打ちコンクリートを先に打ち込み，型枠を取り外した後に水平部材のハーフプレキャスト部材の組立てを行う方法．VH分離打ちと呼ばれる．

②　水平部材のハーフプレキャスト部材の組立て完了後に，接合部の現場打ちコンクリートと同時に鉛直部材のコンクリートを打ち込む方法

　上記①の方法は，②の方法に比べて，コンクリートの打込みにかかる期間が長いというデメリットがある．一方で，②の方法では，柱の型枠を最低でも2層分用意しなくてはならない，水平部材の支保工が多くなる，ハーフプレキャスト部材の組立てやコンクリート打込み時の水平外力に対する型枠の保持のために仮設用ブレースなどの設置が必要，といったデメリットがある．

　いずれの方法においても，次の①〜④に注意して，施工計画を立案する必要がある．本指針の付録には，組立計画の例を示したので，参考にされたい．

①　柱・梁接合部（パネルゾーン）は，鉄筋どうしが交錯して，複雑な納まりになりやすい．事前に納まりの詳細図を作成し，ハーフプレキャスト部材の組立方法（X通り方向とY通り方向の梁のハーフプレキャスト部材のどちらを先に組み立てるかなど），かぶり厚さ，コンクリートの充填性，型枠の取付方法などを検討する．

②　梁のハーフプレキャスト部材どうしの接合部も，鉄筋の継手方式（エンクローズ溶接，機械式継手など）や鉄筋径などにより，接合部間の施工上必要な空きが異なる場合がある．事前に納まりの詳細図を作成し，ハーフプレキャスト部材の組立方法，かぶり厚さ，コンクリートの充填性，型枠の取付方法などについて検討する．

③　床のハーフプレキャスト部材を梁部材に取り付ける場合は，十分なかかり代を取る．

④　一般の現場打ち鉄筋コンクリート工事に比べて，1層あたりの施工日数（サイクル工程）が短縮されるため，後打ちコンクリートの強度発現に留意する．

— 54 —　プレキャスト複合コンクリート施工指針　解説

（ⅱ）　ハーフプレキャスト部材の支保工計画

支保工の計画では，ハーフプレキャスト部材の強度・剛性を計算し，次の①〜③の外力を想定した場合にハーフプレキャスト部材に有害なひび割れや変形が生じないように，十分な強度・剛性を有する支保工を選定するとともに，設置間隔・配置を適切に定める．なお，立案した支保工計画に基づく支保工の具体的な施工要領については5章に示したので，参照されたい．

①　鉛直荷重

型枠・支保工に作用する鉛直荷重には次の種類がある．これらを加算したものを外力とする．

・ハーフプレキャスト部材の重量および組立て時の施工荷重

・後打ちコンクリート部分の型枠，鉄筋，コンクリートの重量

・後打ちコンクリートの打込み・締固めのための器具・用具，足場・作業員などの重量

・資機材の積上げや次工程にともなう施工荷重

・後打ちコンクリートの打込みなどにともなう振動・衝撃荷重

②　水平荷重

型枠・支保工に作用する水平荷重には次の種類がある．これらを加算したものを外力とする．

・後打ちコンクリート打込み時に水平方向に作用する荷重

・風圧力，地震力

③　コンクリートの側圧

（6）　後打ちコンクリート部分の施工計画

後打ちコンクリート部分の施工計画は，次の（ⅰ）〜（ⅲ）のように立案する．立案した施工計画に基づいて，実際に施工を行うための具体的な要領については，7〜9章に示したので，参照されたい．

（ⅰ）　後打ちコンクリート部分の型枠工事

後打ちコンクリート部分の型枠工事は，JASS 5の9節による．施工計画の立案にあたっては，①ハーフプレキャスト部材と隣接する型枠は，ハーフプレキャスト部材からの荷重の影響を受けやすく，通常の型枠よりも堅固に組み立てなければならないこと，②ハーフプレキャスト部材の接合部の型枠工事では，集中荷重に対する補強が必要となる場合があること，などに特に留意する．

（ⅱ）　後打ちコンクリート部分の鉄筋工事

後打ちコンクリート部分の鉄筋工事は，JASS 5の10節による．

後打ちコンクリート部分の鉄筋工事の計画は，ハーフプレキャスト部材の組立て・接合の計画と関連している．具体的には，ハーフプレキャスト部材から突出している主筋や帯筋およびあばら筋などとの接合などが必要である．したがって，ハーフプレキャスト部材の組立て・接合の計画とよく照合して，鉄筋工事の施工計画を立案する必要がある．

（ⅲ）　後打ちコンクリートの発注・製造・受入れ・運搬・打込み・締固め・養生計画

後打ちコンクリートの発注・製造・受入れ・運搬・打込み・締固め・養生の計画は，JASS 5の6〜8節による．

プレキャスト複合コンクリート工事においては，一般の鉄筋コンクリート工事における留意事項

に加えて，ハーフプレキャスト部材と後打ちコンクリートの接合面の一体化が図られるように施工計画を立案する必要がある．接合面の一体性が不十分な場合は，有害なひび割れが発生するなど，構造耐力の低下はもとより，漏水や鉄筋の腐食の原因となって耐久性の低下をもたらすことになる．

（7） 品質管理計画

品質管理にあたっては，①品質管理組織を確立すること，②品質管理計画を立案すること，③計画に基づいて品質管理を実施すること，④品質管理の結果を記録として保管することなどが必要である．

品質管理計画は，各工程において要求される品質を確保できるように立案する．ハーフプレキャスト部材の品質管理は，JASS 10 の 13 節に基づいて計画する．後打ちコンクリート部分およびプレキャスト複合コンクリート部材の品質管理は，JASS 5 の 11 節に基づいて計画する．具体的な品質管理の項目については，10 章を参照されたい．

プレキャスト複合コンクリート工事の品質管理計画の立案にあたっては，次の事項を検討する．

① ハーフプレキャスト部材製造工場の選定と発注方法
② 使用材料の選定と品質管理
③ ハーフプレキャスト部材の製造管理・運搬管理
④ ハーフプレキャスト部材の受入検査
⑤ ハーフプレキャスト部材の組立て・接合に関する検査
⑥ 後打ちコンクリート部分の支保工，型枠工事，鉄筋工事に関する検査
⑦ 後打ちコンクリートの施工に関する検査
⑧ プレキャスト複合コンクリート部材としての品質管理・検査

なお，各工程の管理項目を抽出し，適切な管理方法を策定するために，施工品質管理表（QC 工程表）を作成するとよい．QC 工程表では，次の事項を明示する．

① 作業フロー　　：作業の内容・手順・方法を示す．
② 管理項目　　　：目標とする品質に直接関係する要因を選定する．
③ 管理水準　　　：具体的な管理値・判断基準を示す．
④ 管理方法　　　：時期・方法・頻度または数量・処置方法を示す．
⑤ 監理者・管理者：それぞれの分担・範囲を明確化する．
⑥ 管理資料・記録：実施記録・管理シートを作成する．

（8） 安全管理計画

施工計画では，安全管理計画を策定する．プレキャスト複合コンクリート工事では，プレキャスト鉄筋コンクリート工事と同様に部材の寸法や重量が大きいので，安全管理に特に注意が必要である．具体的には，次の事項を検討する．

① ハーフプレキャスト部材の製造・運搬時の安全計画
　　・吊上用金物の安全性（金物の強度，定着の確認など）
② ハーフプレキャスト部材の組立て・接合時および支保工の安全計画

・揚重作業の安全性についての検討（作業地盤の確認，転倒防止対策など）

・風についての検討（強風時の中止判断，部材の転倒防止など）

・墜落・落下養生の対策（親綱を張れる金具の設置など）

③　後打ちコンクリートの施工時の安全計画

・支保工の安全性についての検討

　このような留意事項については，JASS 10 の 1 節が参考になる．また，JASS 10 の 1 節では，「PC 板建方工事等安全施工基準」（1997，東京労働基準局，プレハブ建築協会 編）を参考文献として示している．ハーフプレキャスト部材の製造・受入れ・仮置き・組立ておよび接合の安全管理計画の立案については，本書が参考になる．また，「建築工事安全施工技術指針・同解説」（2009，国土交通省大臣官房官庁営繕部整備課）も，プレキャスト複合コンクリート工事の安全管理計画の立案にあたって参考になる．なお，具体的な安全管理のための配慮については，各章に個別に記述した．

参 考 文 献

1)　安田正雪：締固め検知機能付きコンクリートの充填検知システム，コンクリートテクノ，Vol. 28, No. 6, 2009.6

4章　ハーフプレキャスト部材の製造

4.1　総　　則

> a．本章は，ハーフプレキャスト部材の製造および製造管理に適用する．
> b．ハーフプレキャスト部材の製造に先立ち，設計図書を基に部材製造図および割付け図を作成する．
> c．ハーフプレキャスト部材の製造は，施工計画書に基づいて，ハーフプレキャスト部材製造要領書を作成して行う．

　a，b，c．ハーフプレキャスト部材は，後打ちコンクリートと構造的に一体化して荷重・外力に抵抗することを国土交通大臣（旧建設大臣）の認定や（一財）日本建築センターなどの評定または評価を受けて，建築物に使用することが認められてきた．また，その認定，評定または評価の申請書においては，部材製造基準（要項・要領）などが定められている．最初のハーフプレキャスト部材が建築物に使用されてから50年近くが経過し，現在ではかなり多様化が進み，解説写真4.1〜4.4に示すように，多種の形状や納まりのものが使われている．

　ハーフプレキャスト部材を円滑に製造するためには，製造開始までの詳細な工程を作成し，本工事のマスター工程およびタクト工程に合った部材製造計画を早期に立案し，決定する必要がある．その際，ハーフプレキャスト部材の製造にあたっては，部材製造図および割付け図を作成し，設計者または工事監理者の承認を受ける．

　ハーフプレキャスト部材の製造においては，出荷するまでに種々の検査・承認が必要となる．床のハーフプレキャスト部材の製造フローの例を解説図4.1に，また，先付仕上材のある外壁のハー

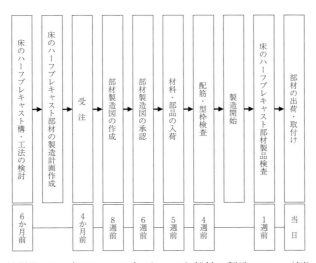

解説図4.1　床のハーフプレキャスト部材の製造フロー（例）

― 58 ―　プレキャスト複合コンクリート施工指針　解説

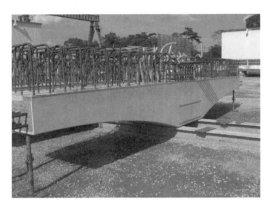

解説写真 4.1　梁のハーフプレキャスト部材

解説写真 4.2　梁のハーフプレキャスト部材

解説写真 4.3　バルコニーのハーフプレキャスト部材

解説写真 4.4　ボイドスラブのハーフプレキャスト部材

フプレキャスト部材の製造フローの例を解説図 4.2 にそれぞれ示す．

4.2　製造設備

> 製造設備は，JASS 10 の 6 節による．

　ハーフプレキャスト部材は，プレキャスト化する部位，部材の種類，形状などが多岐にわたっており，床や壁などの板状の部材は専用化した工場で製造されることが多い．ハーフプレキャスト部材の製造工場は，さまざまな施工現場に出荷するために継続的にハーフプレキャスト部材を製造する固定工場と，ある特定プロジェクトに使用するハーフプレキャスト部材を製造するために施工現場などに設置される仮設工場に分けられる．いずれの工場も，JASS 10 の付 6「工場設備の管理」に示された各設備の機能・性能を満たしている必要がある．主要な設備には，揚重機，型枠，コンクリート打込み用ホッパー，振動機，養生設備，製品検査設備，貯蔵設備，コンクリート試験器具

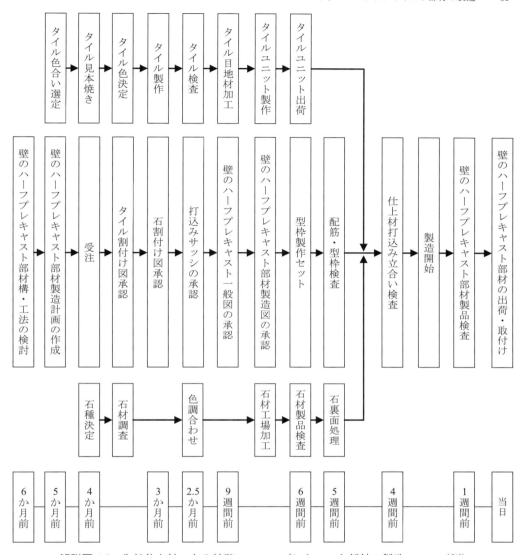

解説図 4.2 先付仕上材のある外壁のハーフプレキャスト部材の製造フロー（例）

などがある．その他，鉄筋加工・組立て用の設備も必要であるが，あらかじめ専用工場で鉄筋を加工・組立て（先組み鉄筋）する場合もある．

4.3 材料および部品

> a．コンクリートの材料は，JASS 10 の 4 節による．
> b．鉄筋，溶接金網・鉄筋格子および鋼材は，JASS 10 の 4 節による．
> c．接合面補強筋としてのトラス筋の上弦材および下弦材は，JIS G 3112 に適合するものを用いる．また，ラチス筋は，JIS G 3112 または JIS G 3532 に適合するものを用いる．
> d．接合用金物は，JASS 10 の 4 節による．
> e．ハーフプレキャスト部材の吊上げに使用する金物，組立て用斜めサポートなどを取り付ける埋込金物は，

JASS 10 の 4 節による.

　f．先付部品は，JASS 10 の 4 節による.

　g．材料および部品の取扱いおよび貯蔵は，JASS 10 の 4 節による.

　h．材料および部品の試験・検査は，10.2 による.

　a．コンクリートの材料は，JASS 10 の 4.2 による.

　練混ぜ水は，コンクリートのフレッシュ時の性状，硬化後の強度および耐久性，鉄筋の発錆などに大きな影響を与えるため，その品質は重要である．このため，上水道水以外の水を使用する場合は，JIS A 5308（レディーミクストコンクリート）附属書 C（規定）「レディーミクストコンクリートの練混ぜに用いる水」C.8 水の試験方法により試験を行い，解説表 4.1 の規定に満足するものを使用しなければならない.

　なお，JIS A 5308（レディーミクストコンクリート）では，回収水（スラッジ水および上澄水）の使用を認めているが，JASS 10 の 4.2 では，回収水に含まれている凝集剤やスラッジなどが加熱養生するコンクリートの品質へ与える影響が十分に解明されていないこと，および加熱養生の際に微粒分の影響でプラスチックひび割れを発生するおそれがあることなどから，プレキャスト部材の製造に用いるコンクリートの練混ぜ水に回収水を使用しないことが望ましく，回収水使用を認める際は，工事監理者の承認を受けることとしている．ハーフプレキャスト部材の製造に用いるコンクリートの練混ぜ水についても同様に，回収水を使用しないことが望ましい．なお，回収水の使用を認めざるを得ない場合は解説表 4.2 に示す品質のものを使用することとし，工事監理者の承認を受ける．ただし，設計基準強度が 36 N/mm^2 を超える場合，ならびに計画供用期間の級が長期および超長期の場合は，回収水を用いてはならない.

解説表 4.1　上水道水以外の水の品質（JASS 10　解説表 4.2）

項　目	品　質
懸　濁　物　質　の　量	2 g/l 以下
溶解性蒸発残留物の量	1 g/l 以下
塩化物イオン（Cl⁻）量	200 ppm 以下
セメントの凝結時間の差	始発は 30 分以内，終結は 60 分以内
モルタルの圧縮強さの比	材齢 7 日および材齢 28 日で 90 % 以上

解説表 4.2　回収水の品質（JASS 10　解説表 4.3）

項　目	品　質
塩化物イオン（Cl⁻）量	200 ppm 以下
セメントの凝結時間の差	始発は 30 分以内，終結は 60 分以内
モルタルの圧縮強さの比	材齢 7 日および材齢 28 日で 90 % 以上

混和材料およびその他の材料は，JASS 10 の 4.2.4 による．ハーフプレキャスト部材は，製造時に加熱養生を行うことが多いため，AE 剤，AE 減水剤および高性能 AE 減水剤を用いる場合は，連行空気の熱膨張によるコンクリートの組織弛緩が発生することもある．このため，加熱養生時の最高温度を 60℃以下に抑えるとともに，前置時間，温度上昇勾配などに十分配慮する必要がある．

b．鉄筋，溶接金網・鉄筋格子および鋼材は，JASS 10 の 4.3 による．解説表 4.3 に示すように，鉄筋は JIS G 3112（鉄筋コンクリート用棒鋼）の規定に，溶接金網および鉄筋格子は JIS G 3551（溶接金網及び鉄筋格子）の規定にそれぞれ適合するものを使用することを原則とする．溶接金網の母材となる鉄線や鉄筋格子の母材となる鉄筋は種類が多いので，種別をミルシートや圧延マークでよく確認する必要がある．なお，4.1 に述べたように，ハーフプレキャスト部材は国土交通大臣（旧建設大臣）の認定や（一財）日本建築センターなどの評定または評価を受け，部材製造基準（要項・要領）が定められている場合が多い．このような場合には，それぞれの基準に適合する材料を用いる必要がある．

解説表 4.3　鉄筋の種別（JASS 5　解説表 11.1）

規格番号	名　称	区分，種類の記号	
JIS G 3112	鉄筋コンクリート用棒鋼	丸　鋼	SR 235 SR 295
		異形棒鋼	SD 295A SD 295B SD 345 SD 390 SD 490
JIS G 3551	溶接金網および鉄筋格子		

c．ハーフプレキャスト部材の接合面を補強するトラス筋は，解説図 4.3 に示すように上弦材，下弦材およびそれらを連結するラチス筋により構成され，抵抗点溶接により接合される．上弦材，下弦材は，JIS G 3112（鉄筋コンクリート用棒鋼）に適合するものを使用する．ラチス筋は，JIS G 3112（鉄筋コンクリート用棒鋼）または JIS G 3532（鉄線）に適合するものを使用する．なお，大臣認定や評定等の基準では，JIS G 3112 に規定された丸鋼 SR295 や JIS G 3532 に規定された普通鉄線 SWM-B に使用を限定している場合もあるので注意する．

d．接合用金物は，JASS 10 の 4.4.1 による．ハーフプレキャスト部材では，ハーフプレキャスト部材どうしおよびハーフプレキャスト部材と周辺の部材との接合部に用いる金物類などがこれにあたり，例えば，鉄筋，添えプレートなどの金物が使用される．これらの接合用金物は，設計図書に示された材料を使用する必要があり，その品質は，関連 JIS に適合している必要がある．例えば，接合用補強筋に鉄筋を用いる場合には，JIS G 3112（鉄筋コンクリート用棒鋼）への適合が求められる．

e．吊上用金物は，既製のインサートやステッキアンカー，ワイヤーロープなど，あるいは鉄筋

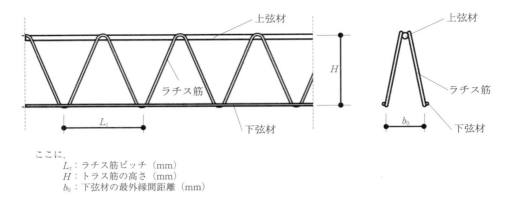

ここに,
L_t：ラチス筋ピッチ（mm）
H：トラス筋の高さ（mm）
b_0：下弦材の最外縁間距離（mm）

解説図 4.3　トラス筋の構成（例）

を曲げ加工してつくるフックが一般的である．これらの金物は，吊上げ時の所要の荷重に対して安全なものであることが要求される．床のハーフプレキャスト部材では，接合面補強筋であるトラス筋を脱型時から部材組立て時に吊上用金物として利用することが多い．吊上げに際しては，特殊な多点バランスビームを使用しているが，多点バランスビームが使用できない外壁部材などは，あらかじめワイヤーロープなどを部材に打ち込んでおく必要がある．ハーフプレキャスト部材の部材厚が小さく，吊上用金物を定着させた時に十分なかぶり厚さが確保できない場合には，防錆処理を施した吊上用金物を使用する．吊上用金物に溶接を施す場合には，母材の種類，寸法および溶接条件を考慮して溶接材料を選定する必要がある．溶接材料の種類および品質は，JASS 6 による．

f．先付部品には，多種多様なものがあり，そのうちの主なものを解説表 4.4 に示す．先付部品は，剥離剤や加熱蒸気などで変質や変形などが起こらない材質であること，コンクリートによる汚れを防ぐために養生すること等が重要である．アルミサッシなどの打込み部材については，養生テープの貼り方や内型枠との納まり，ハーフプレキャスト部材に打ち込まれたタイルの洗い水によるサッシの変色などに十分な注意を払う必要がある．

解説表 4.4　先付部品の使用区分と種類（JASS 10　解説表 4.13）

使用区分	主な先付部品の種類
接合用金物	スリーブ接合用金物，溶接接合用金物など
鉄筋加工部品	接合部鉄筋，吊上用金物，開口補強鉄筋（既製品）など
開口部品	サッシ，ドア枠，木枠，マンホール枠
仕上材固定部品	インサート，木れんがなど
設備用部品	電線管，電気ボックス，給排水管，ガス管，ドレーンなど
その他	ノンスリップ，吊上用金物（既製品），レベル調整材など

g．材料および部品の取扱いおよび貯蔵は，JASS 10 の 4.5 による．ハーフプレキャスト部材に使用する部品類は形状がさまざまであり，非常に多くの種類がある．複数の工事に対して類似した部品類が納入されるため，識別をしっかり行っておく必要がある．また，部品類は錆・きず・汚れ・変形等が生じやすいため，専用の貯蔵設備を設け，納入後すみやかにそれらを保管することが重要である．

h．材料および部品の試験・検査は 10.2 による．

4.4 コンクリートの調合および製造

a．コンクリートの調合は，2.3 の条件を満足するものとし，JASS 10 の 5 節による．
b．コンクリートの製造は，JASS 10 の 6 節による．

a．コンクリートの調合は，2.3 に示された設計基準強度，耐久設計基準強度および品質基準強度を満足するように，JASS 10 の 5 節の規定に従って定める．ただし，JASS 10 では，部材厚（部材断面内の最小寸法値）が小さなものから大きなものまで広範なプレキャスト部材を対象としているのに対し，ハーフプレキャスト部材は部材厚が比較的小さなものが多いことから，コンクリートの調合においても，そのことを念頭におかなければならない．

ここで，JASS 10 の 5.2 における調合強度の規定を示す．

-- 以下，JASS 10 の 5.2 より抜粋 --

a．調合強度は，標準養生した供試体の調合強度を定める材齢における圧縮強度で表すものとし，(5.1) および (5.2) 式による．

$$F \geqq F_m + K\sigma \tag{5.1}$$

$$F \geqq 0.85F_m + 3\sigma \tag{5.2}$$

ここに，

F ：調合強度（N/mm^2）

F_m：調合管理強度（N/mm^2）

K ：圧縮強度のばらつきを考慮した正規偏差で，1.73 以上とする．ただし，設計基準強度が 80 N/mm^2 以上の場合は 2.0 以上とする．

σ ：プレキャスト部材に用いるコンクリートの圧縮強度の標準偏差（N/mm^2）

b．調合管理強度は次の（1），（2）および（3）によるものとし，工事監理者の承認を得る．

（1）設計基準強度が 36 N/mm^2 以下で，プレキャスト部材同一養生した供試体の圧縮強度がプレキャスト部材コンクリートの圧縮強度と同程度とみなせる場合の調合管理強度は，(5.3)，(5.4) および (5.5) 式による．

$$F_m \geqq F_A + T_A \tag{5.3}$$

$$F_m \geqq F_B + T_B \tag{5.4}$$

$$F_m \geqq F_q + \Delta F_T + T_C \tag{5.5}$$

ここに，

F_A　：脱型時所要強度（N/mm²）

F_B　：出荷日所要強度（N/mm²）

F_q　：品質基準強度（N/mm²）

T_A　：標準養生供試体の調合強度を定める材齢における圧縮強度と，プレキャスト部材同一養生した供試体の脱型時における圧縮強度との差によるコンクリート強度の補正値（N/mm²）

T_B　：標準養生供試体の調合強度を定める材齢における圧縮強度と，プレキャスト部材同一養生した供試体の最短の出荷日における圧縮強度との差によるコンクリート強度の補正値（N/mm²）

T_C　：標準養生供試体の調合強度を定める材齢における圧縮強度と，プレキャスト部材同一養生した供試体の保証材齢における圧縮強度との差によるコンクリート強度の補正値（N/mm²）

ΔF_T：保証材齢におけるプレキャスト部材コンクリートと，プレキャスト部材同一養生した供試体との圧縮強度の差によるコンクリート強度の補正値（N/mm²）

（2）　設計基準強度が 36 N/mm² を超える場合および設計基準強度が 36 N/mm² 以下であっても，プレキャスト部材同一養生した供試体の圧縮強度がプレキャスト部材コンクリートの圧縮強度と同程度とみなせない場合の調合管理強度は，(5.6)，(5.7) および (5.8) 式による．

$$F_m \geqq F_A + \alpha T_A \tag{5.6}$$

$$F_m \geqq F_B + \beta T_B \tag{5.7}$$

$$F_m \geqq F_q + S \tag{5.8}$$

ここに，

α：プレキャスト部材同一養生した供試体と，プレキャスト部材コンクリートとの脱型時までの養生温度の積算値の差に基づく強度発現の差による強度の補正値 T_A の修正係数

β：プレキャスト部材同一養生した供試体と，プレキャスト部材コンクリートとの最短の出荷日までの養生温度の積算値の差に基づく強度発現の差による強度の補正値 T_B の修正係数

S：標準養生した供試体の調合強度を定める材齢における圧縮強度と，プレキャスト部材から切り取ったコア供試体の保証材齢における圧縮強度との差によるコンクリート強度の補正値（N/mm²）

（3）　設計基準強度が 36 N/mm² を超える場合および設計基準強度が 36 N/mm² 以下であっても，プレキャスト部材同一養生した供試体の圧縮強度がプレキャスト部材コンクリートの圧縮強度と同程度とみなせない場合で，加熱養生を行わない場合の調合管理強度は，（2）における (5.7) 式の代わりに (5.9) 式に，(5.8) 式の代わりに (5.10) 式によってもよい．

$$F_m \geqq F_B + S_B \tag{5.9}$$

$$F_m \geqq F_q + \Delta F_S + S_C \tag{5.10}$$

4章　ハーフプレキャスト部材の製造　— 65 —

ここに，

S_B　：標準養生した供試体の調合強度を定める材齢における圧縮強度と，プレキャスト部材温度追従養生した供試体またはプレキャスト部材から切り取ったコア供試体の最短の出荷日における圧縮強度との差によるコンクリート強度の補正値（N/mm²）

S_C　：標準養生した供試体の調合強度を定める材齢における圧縮強度と，プレキャスト部材温度追従養生した供試体の保証材齢における圧縮強度との差によるコンクリート強度の補正値（N/mm²）

ΔF_S：保証材齢におけるプレキャスト部材コンクリートと，プレキャスト部材温度追従養生した供試体との圧縮強度の差によるコンクリート強度の補正値（N/mm²）

　c．コンクリート強度の補正値 T_A，T_B，T_C，S，S_B，S_C，ΔF_T，ΔF_S および修正係数 α，β の値は，試験または信頼できる資料によって定める．ただし，コンクリート強度の補正値は 0 以上，修正係数は 1 以上の値とする．

　d．コンクリート強度の標準偏差は，プレキャスト部材製造工場の実績により定める．実績がない場合は，2.5 N/mm² または $0.1F_m$ の大きいほうの値とする．

-- 以上，抜粋終わり --

　以上のように，JASS 10 の 5.2 では，調合管理強度を定めるために（1），（2）および（3）の3つの方法を規定しているが，それぞれの具体的な適用範囲（部材の形状・寸法，使用セメント種類，養生条件など）は示されていない．そこで，過去に行われた実験研究[1),2)]のデータを基礎資料として，（1）の適用範囲，すなわち設計基準強度が 36 N/mm² 以下で，プレキャスト部材同一養生した供試体の圧縮強度がプレキャスト部材コンクリートの圧縮強度と同程度とみなせる範囲について検討がなされた[3)]．具体的には，部材の形状（板状部材，柱部材），部材厚（板状部材では100〜400 mm，柱部材では 250〜1 000 mm），使用セメント種類（普通ポルトランドセメント，早強ポルトランドセメント，低熱ポルトランドセメント），単位セメント量（300〜500 kg/m³），養生条件（加熱養生なし，最高温度 40℃ および 60℃ の加熱養生）などに応じて，プレキャスト部材コンクリートの圧縮強度およびプレキャスト部材同一養生供試体の圧縮強度をそれぞれ計算し，双方が同程度とみなせる部材厚の範囲（プレキャスト部材同一養生供試体強度に対するプレキャスト部材コンクリート強度の比が 1.00±0.05 の範囲と仮定）を求めている．その結果を解説表 4.5 に示す．

　解説表 4.5 によれば，単位セメント量 400 kg/m³ のコンクリートを用いて最高温度 40℃ の加熱養生条件で板状プレキャスト部材を製造する場合，普通ポルトランドセメント使用では部材厚100〜210 mm，早強ポルトランドセメント使用では部材厚 100〜200 mm，低熱ポルトランドセメント使用では部材厚 100〜400 mm がそれぞれプレキャスト部材同一養生供試体強度の適用可能範囲となる．

　単位セメント量 400 kg/m³ のコンクリートを用いて最高温度 60℃ の加熱養生条件で板状プレキ

ャスト部材を製造する場合は，普通ポルトランドセメント使用では部材厚100～320 mm，早強ポルトランドセメント使用では部材厚100～280 mm，低熱ポルトランドセメント使用では部材厚100～400 mm がそれぞれプレキャスト部材同一養生供試体強度の適用可能範囲となる．

解説表 4.5 プレキャスト部材同一養生供試体強度に対するプレキャスト部材コンクリート強度の比が1.00±0.05 の範囲となる部材厚の範囲[3]

(単位：mm)

部材形状	セメント種類	加熱養生条件	単位セメント量（kg/m³）								
			300	325	350	375	400	425	450	475	500
板状部材	普通ポルトランドセメント	なし	100-150	100-140	100-130	100-120	100-120	100-110	100-110	100	100
		最高40℃	100-280	100-260	100-240	100-220	100-210	100-190	100-180	100-170	100-160
		最高60℃	100-400	100-400	100-380	100-350	100-320	100-300	100-280	100-270	100-250
	早強ポルトランドセメント	なし	100-170	100-150	100-150	100-140	100-130	100-120	100-120	100-110	100-110
		最高40℃	100-260	100-240	100-220	100-210	100-200	100-190	100-180	100-170	100-160
		最高60℃	100-390	100-350	100-320	100-300	100-280	100-260	100-250	100-230	100-220
	低熱ポルトランドセメント	なし	100-370	100-340	100-310	100-290	100-280	100-260	100-250	100-230	100-220
		最高40℃	100-400	100-400	100-400	100-400	100-400	100-400	100-400	100-390	100-370
		最高60℃	100-400	100-400	100-400	100-400	100-400	100-400	100-400	100-400	100-400
柱部材	普通ポルトランドセメント	なし	250-290	250-270	250-260	250	—	—	—	—	—
		最高40℃	250-540	250-500	250-460	250-430	250-400	250-380	250-360	250-340	250-330
		最高60℃	250-850	250-780	250-710	250-660	250-620	250-580	250-540	250-510	250-490
	早強ポルトランドセメント	なし	250-330	250-310	250-290	250-270	250-260	250	—	—	—
		最高40℃	250-510	250-470	250-440	250-410	250-380	250-360	250-340	250-330	250-310
		最高60℃	250-730	250-670	250-620	250-570	250-540	250-500	250-480	250-450	250-430
	低熱ポルトランドセメント	なし	250-700	250-650	250-600	250-560	250-530	250-500	250-480	250-450	250-430
		最高40℃	250-1 000	250-1 000	250-1 000	250-960	250-900	250-840	250-790	250-740	250-700
		最高60℃	250-1 000	250-1 000	250-1 000	250-1 000	250-1 000	250-1 000	250-1 000	250-1 000	250-1 000

　ハーフプレキャスト部材の出荷日所要強度については，ハーフプレキャスト部材が型枠の役割も果たすことが求められるため，コンクリート打込み時の固定荷重，衝撃荷重（固定荷重の1/2），打込み荷重および側圧に対して，安全となるように定めておく必要がある．

　コンクリート強度の補正値 T_A，T_B および T_C の値は，ハーフプレキャスト部材の製造工場ごとに，また，ハーフプレキャスト部材の種類や製造条件ごとに試験または信頼できる資料を基に定める．

　b．コンクリートの材料の計量，練混ぜ，練上がり温度，運搬については JASS 10 の 6.5 による．

　コンクリートの練上がり温度は製造計画書によるが，ホットコンクリートを使用する場合は，品

4章　ハーフプレキャスト部材の製造　— 67 —

質の確保および作業性の面から十分な配慮が必要である．ホットコンクリートは，蒸気吹込みや温水使用によってコンクリート自体の温度を計画的に上昇させるもので，プレキャスト部材表面の仕上げや養生時間を短縮するのに有効である．コンクリート打込み時のスランプは，作業性の面から5〜7 cm が最適とされ，運搬や打込みの待ち時間を考慮すると，練上がり温度は 40〜50 ℃が良いとされている．しかし，ホットコンクリートはスランプの低下が著しく，ホッパーやバケットに付着すると乾燥しやすいので，コンクリートの運搬，打込みおよび締固めなど，入念な計画を立てなければならない．

　コンクリートの運搬方法は，製造工場の設備やレイアウトに応じて，コンクリートの品質維持と作業能率を考慮して選定する．主な運搬方法は，コンクリートをバケットで受けて天井クレーン，フォークリフトまたは搬送台車で運ぶ方法，トラックアジテータやショベルローダを利用する方法，ミキサからトロリーバケットを経てコンクリートフィーダに受け取る方法などがある．いずれの方法で運搬する場合でも，コンクリートに有害な振動を与えることなく，また材料分離や漏れを生じさせることなく，運搬距離や運搬時間ができるだけ短くなるように計画する．

　ハーフプレキャスト部材に用いるコンクリートおよびハーフプレキャスト部材コンクリートの試験・検査の項目，方法および判定基準は，10.2 による．

4.5　ハーフプレキャスト部材製造用型枠

> a．型枠は，JASS 10 の 6 節による．
> b．型枠の製作および組立ては，JASS 10 の 6 節による．

　a．型枠に用いる材料は，原則として鋼製とし，コンクリート打込み時の振動および加熱養生などによって，反りやねじれが生じないような強度と剛性を有するものとする．鋼製以外の材料を使用する場合は，加熱養生や転用などによって変形が生じないことを確認して使用する．

　プレキャスト部材の型枠は上述のとおり鋼製型枠を原則としているが，部材厚が 10 cm 以下のハーフプレキャスト部材では，側圧はそれほど大きくなく，発泡プラスチックなどを鋼製平版に両面テープで貼り付けてコンクリート止め型枠として使用し，欠込み開口を成形することもある．極端に打込み回数が少ない場合は，木製型枠を用いることもある．また，レリーフ模様や特殊形状を付ける場合，ゴムや樹脂を型枠に利用することもある．ただし，木材，硬質塩化ビニル，FRP，ABS 樹脂，ゴム，パラフィンなどは，必ず加熱養生や転用などによる変形の有無を確認しておく必要がある．また，磁石を用いて側面の型枠を底板に固定する方法では，固定用のねじや穴あけの作業を省くことができ，部材製造を効率化することができる．解説写真 4.5〜4.7 に各種のハーフプレキャスト部材製造用型枠を示す．

　b．型枠の製作は，ハーフプレキャスト部材の製造において重要な工程であり，部材の寸法精度を確保しながら組立て・脱型が容易に行え，側圧や熱による変形を生じることなく，繰返し使用に耐えられるようにする．型枠製作者は，ハーフプレキャスト部材製造者と綿密な打合せを行い，設計図および部材製造図に基づいて型枠製作図を作成してから，型枠を製作する．

　ハーフプレキャスト部材の製造に用いる型枠は，一般のプレキャスト部材の製造の型枠組立てと

同様に，底面の定盤となる鋼製ベッド（以下，ベッドという）に周辺型枠を設置したものである．型枠組立ての手順は，ベッド面に部材形状に合わせたケガキまたは墨出しを行い，これに合わせて周辺型枠を仮止めし，ベッドに締付けボルトの穴をあけ，ねじを切る．次にボルトまわりのずれ止めとしてベッドと周辺枠とを同時に穴あけし，テーパーピンを打ち込み，位置固定するのが基本である．しかし，ハーフプレキャスト部材は部材厚が小さいので，床などは二方向を鋼製アングルなどによる固定枠とし，ほかの二方向を鋼製アングル・木製桟木・発泡プラスチックなどによる水平移動型枠とし，簡単な押さえ治具や両面テープで固定して，型枠の組立作業の効率化を図っている例もある．CAD情報で四辺の周辺型枠が自動的に移動，固定，コンクリート打込み後脱型移動する型枠装置を利用している例もある．

解説写真 4.5　ハーフプレキャスト部材の製造用型枠（床部材用型枠）

解説写真 4.6　ハーフプレキャスト部材の製造用型枠（床部材用型枠）

解説写真 4.7　ハーフプレキャスト部材の製造用型枠（梁部材用型枠）

先付仕上材のある外壁部材などでは，先付仕上材に合わせた型枠の組立精度が求められ，通常，寸法精度の目標値は±1mm程度が要求されている．また，廊下・バルコニー床の立上り部分の型枠の直角度は，水平・面外ともに組み立てるごとに定規で確認するなどの注意が必要である．

型枠の組立ては，ハーフプレキャスト部材の寸法精度が確保できるように組み立てなければなら

4章 ハーフプレキャスト部材の製造 — 69 —

ないが，その際，型枠の清掃は，型枠精度を確保するだけでなく，型枠の耐久性や製品の仕上げにも影響するので，毎回ていねいに行う必要がある．

剥離剤は，コンクリートの硬化や表面仕上材の付着に有害な影響を与えないもの，コンクリート面の仕上げに有害な気泡などを発生させないもの，後打ちコンクリートとの一体性に悪影響を与えないものを使用する．剥離剤の選定に際しては，十分に試験を繰り返し，多方面から検討して決定しなければならない．参考として，型枠剥離剤を主成分によって分類し，それぞれの特徴および主な用途を整理したものを解説表4.6に示す．

解説表 4.6　剥離剤の主成分・特徴・用途

種　別	主成分・特徴	主な用途
油性系	鉱物油（マシン油・タービン油）または植物油を主成分とする．振動成形には最も汎用性がある．取扱いが容易で作業性が良いが，消防法の危険物に該当するので保管や取扱いに注意を要する．鉱物油を減らした生分解性の高い環境対策品もある．	振動製品 即脱製品 気泡コンクリート 遠心成型品（ポールパイル）
樹脂系	合成樹脂または天然樹脂を主成分とする．基本的に油性系と同じ皮膜型剥離剤であるが，油性系よりも皮膜自体の物理的強度が高いので，製造方法上型枠に高荷重のかかる用途に用いられる．一方，脱型時の離形性は，油性系よりも劣る傾向にある．	遠心力成型品 （ポールパイル，マンホールヒューム管） 振動製品（一部用途）
ワックス系	ワックスを主成分とする．ワックスのもつ滑り性が特徴である．また，油性系と比べて高い耐荷重性が要求される用途に用いられる．シームレスパイプなどに適している．	遠心力成型品 （シームレスパイプ） キャスティング
界面活性剤系	上記の主成分に界面活性剤を加えたものである．組み合わせる主成分によって性能の幅が広範囲となる．水溶性（エマルション型）にするものもある．	振動製品 遠心力成型品 即脱製品

4.6　鋼材・鉄筋・溶接金網の加工・組立ておよび先付部品などの取付け

> a．鋼材，鉄筋，鉄筋格子および溶接金網などの加工・組立ては，JASS 10 の6節による．
> b．接合用金物，吊上用金物，埋込金物，先付部品などは，部材製造図に従って正確に配置し，コンクリートの打込み，締固め中に移動しないように固定する．

　a．鋼材，鉄筋および溶接金網の加工・組立ては，JASS 10 の6.3による．ハーフプレキャスト部材は，通常，次のように行われる．

　鉄筋や接合面補強としてのトラス筋などの切断加工は工場内で行うことが多いが，太径鉄筋や溶接金網などの加工は専門加工業者に依頼する場合がある．

　ハーフプレキャスト部材の鉄筋は，構造体の一部であるので，鉄筋どうしを溶接すると断面欠損が生じる．断面欠損を起こさぬよう結束線で緊結するか，あらかじめ溶接金網や鉄筋格子の製品を用いて配筋を行う．

　柱および梁のハーフプレキャスト部材の鉄筋は，配筋図に従ってハーフプレキャスト部材の寸法

から必要なかぶり厚さを差し引いた寸法に切断加工して，組立てを行う．

　床のハーフプレキャスト部材では，部材厚を小さくするために，ハーフプレキャスト部材の主筋を床部材の下端筋とする場合が多い．壁のハーフプレキャスト部材では，部材厚を小さくし，接合面補強筋のトラス筋のコンクリートへの定着を確実にするために，外側に縦筋とトラス筋を並列にして横筋をトラス筋の間を通して配筋するなどの工夫をする場合がある．いずれの場合も，スペーサなどを適切に配置することにより，2.3 に示した最小かぶり厚さを確保する必要がある．

　ｂ．ハーフプレキャスト部材の接合用金物，吊上用金物，埋込金物，先付部品などは，部材製造図に示された形状・寸法のものを，取付治具を用いて部材製造図に示された位置に正確に固定する．固定は，補助用の鉄筋に結束したり，型枠に接着するなどの方法によって，コンクリートの打込み，締固め中に移動しないように行う．

　先付仕上材などは，部材製造図の仕上材の納まり詳細に合わせて，所定の寸法精度内で固定する．固定するタイルユニットなどは，型枠面にケガキを入れ，両面テープなどを使って目地を通して固定する．

4.7　コンクリートの打込み・締固めおよび打込み面の仕上げ

　ａ．コンクリート打込み前の検査は，10.2 による．
　ｂ．コンクリートの打込みおよび締固めは，JASS 10 の 6 節による．
　ｃ．コンクリート打込み面の仕上げおよび表面処理の種類・方法は，JASS 10 の 6 節による．
　ｄ．ハーフプレキャスト部材の後打ちコンクリート部分との接合面は，接合面補強筋，コッターの配置，くし引き，はけ引き仕上げなどにより十分な一体性が得られるようにする．

　ａ．コンクリート打込み前の検査は，10.2 による．この検査は，ハーフプレキャスト部材の製造工程中の検査において最も重要な検査の一つである．コンクリートを打ち込んだ後の検査では，構造体の一部となるハーフプレキャスト部材の配筋などのチェックができないので，コンクリートの打込み前の検査は入念に行わなければならない．

　ｂ．コンクリートは，材料分離が生じないよう，また鉄筋・先付部品などが移動しないよう，打込み位置や高さに十分注意し，型枠内に均一に打ち込む．立上りの高い型枠に打ち込む場合は，一方向から片押しせず，水平に何層かに分けて締め固めながら打ち込むようにする．また，同一型枠内で打ち継ぐ場合は，コンクリートに欠陥が生じないように継続して打ち込む必要がある．特にホットコンクリートの場合は，打継ぎ部のコンクリートの品質を変化させないような配慮が必要である．締固めの方法は，コンクリートの種類・調合，スランプ，部材の大きさ・厚さおよび型枠の剛性などを考慮して決める．通常，ハーフプレキャスト部材に用いるコンクリートはスランプが4〜12 cm 程度であり，棒形振動機やテーブル振動機などで締め固める．締固め効果は，それぞれの機器の性能および使用時間などによって異なるので，あらかじめその効果を確認しておく．

　ハーフプレキャスト部材のコンクリート打込みにおける遠心力成形方式では，コンクリート投入機でコンクリート厚を確認しながらの打込みとなる．床などは，一部の量産工場を除けば，コンクリートホッパーにコンクリートを詰めて，所定の型枠上までクレーン，フォークリフトなどで運搬し，振動機などを使って型枠内に密実に流し込む．このとき，差し筋，接合面補強筋などにコンク

リートを付着させないよう養生する必要がある．コンクリート打込み面は，後打ちコンクリートとの一体性を考慮し，ブリーディング終了後，目荒らしやコッター成形などの処理を行う．

　c, d. ハーフプレキャスト部材の打込み面は，後打ちコンクリートとの接合面となる場合が多い．このため，ハーフプレキャスト部材の打込み面の仕上げは，後打ちコンクリートとの一体性を高めるために，コッターの成形，くし引き，はけ引きなどにより，コンクリート面を粗面に仕上げる接合面処理を必ず行う．くし引やはけ引きの具体的な数値は表示されてない場合が多く，限度見本などで事前に承認を得ておくとよい．本会「プレストレスコンクリート（PC）合成床板設計施工指針・同解説」22条　構造細則では，凹凸の完成形で3～4 mmとしている．実際の製造工場では，コンクリート打込み後の前養生時間終了直前に竹ぼうきなどで目荒らしをして表面を粗面に仕上げているが，コンクリート面の凹凸部に砂ほこりやコンクリートの破片が入って取り除きにくくなり，かえって悪影響を及ぼす場合もあるので，コッターの形状については注意する必要がある．解説図4.4に接合面の処理例を示す．

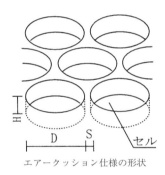

解説図 4.4　ハーフプレキャスト柱部材のエアークッションによる丸継ぎ形状例
（直径 $D=20$ mm，ピッチ $S=1.5$ mm，深さ $H=8$ mm）

4.8　コンクリートの養生および脱型

> a. コンクリートの打込みから脱型までの養生は，JASS 10 の6節による．
> b. 脱型および吊上げは，JASS 10 の6節による．
> c. コンクリートの湿潤養生は，JASS 10 の6節による．

　a. コンクリートの打込みから脱型までの養生は，JASS 10 の6.8によればよい．ハーフプレキャスト部材は，柱，梁，壁，床などの用途ごとに形状が異なること，使用するコンクリートにより単位セメント量が異なること，製造工場により加熱方式が異なることなどの理由により，統一的な加熱養生条件を提示することは難しいが，加熱養生条件を計画するにあたっては，製造するハーフプレキャスト部材の中央部，定盤下面，型枠外周，外気などの部位による温度差を考慮する必要がある．また，急激な温度上昇や温度下降を作用させると，ハーフプレキャスト部材表面にひび割れを生じる等の悪影響が現れるので十分に注意する必要がある．

　b. 脱型および吊上げは，基本的にJASS 10 の6.9によればよい．ただし，ハーフプレキャスト部材は部材厚が小さいので，鋼製型枠との付着力によるひび割れ発生などに注意して脱型作業を行

う必要がある．また，吊上げ時にはコンクリートにひび割れが発生しないようにバランスビーム等の特殊治具を使用するのがよい．壁の脱型・取付け用特殊治具の例を解説写真4.8に示す．

解説写真4.8 ハーフプレキャスト部材の脱型および吊上げ（脱型・取付け用特殊治具）

c．コンクリートの湿潤養生は，基本的にJASS 10の6.10によればよい．ただし，コンクリートの製造時に加熱養生を行う場合については，どの程度の強度に達するまで湿潤養生を行えばよいかを判断するための基礎資料となる実験データが少ない．このため，JASS 10の6.10では，加熱養生を行わない現場打ちコンクリートを対象としたJASS 5の8.2の規定を参考にしている．さらに，JASS 5の8.2に示されている湿潤養生を打ち切ることのできる圧縮強度は，厚さが18 cmのコンクリート試験体による実験値に基づいたものであるため，部材厚が18 cmより小さいハーフプレキャスト部材への適用に際しては，注意が必要である．

近年の研究[4]では，現場打ちコンクリートを想定した20℃一定養生（以下，S養生という）およびプレキャスト部材を想定した最高温度60℃の加熱養生（以下，H養生という）をそれぞれ行ったコンクリートを対象とし，湿潤養生期間が中性化進行性に及ぼす影響を実験により検討している．解説図4.5に，S養生およびH養生したコンクリートの湿潤養生を打ち切った時点での圧縮強度（以下，湿潤養生終了時強度という）と促進中性化深さの関係をそれぞれ示す．なお，促進中性化深さとは，温度20℃，相対湿度60％，二酸化炭素濃度5％の環境で26週間の促進中性化試験を実施した供試体の中性化深さの測定値である．湿潤養生終了時強度が20 N/mm^{2}未満の領域で比較すると，同じ湿潤養生終了時強度であっても，H養生したコンクリートの方がS養生したコンクリートよりも大きな促進中性化深さを示すことがわかる．例えば，S養生したコンクリートで湿潤養生終了時強度が10 N/mm^{2}の場合，促進中性化深さは約18 mmになる．一方，H養生したコンクリートで同じ促進中性化深さになるのは，湿潤養生終了時強度が16 N/mm^{2}の場合となる．また，S養生したコンクリートで湿潤養生終了時強度が15 N/mm^{2}の場合，促進中性化深さは約12 mmとなる．一方，H養生したコンクリートで同じ促進中性化深さになるのは，湿潤養生終了時強度が19 N/mm^{2}の場合となる．

研究報告[4]の中では，この原因として，次の2つを考察している．まず，H養生したコンクリートでは，S養生したコンクリートと比べて初期材齢における微細組織の緻密化は著しいが，長期材齢における微細組織の緻密化が緩慢になることが知られている．このため，同じ強度まで湿潤養生しても，中性化が進行する長期材齢ではH養生したコンクリートの方が二酸化炭素を浸入させる空隙が多いという理由である．もう一つは，脱型後すなわち湿潤養生終了後，H養生したコンクリートの方がS養生したコンクリートよりも水分逸散量が多いことが報告されている[5]．このため，同じ強度まで湿潤養生しても，H養生したコンクリートの方が長期材齢における水和反応進行性および微細組織の緻密化がさらに低下するという理由である．

このように，加熱養生するプレキャスト部材の中でも，特に部材厚が小さいハーフプレキャスト部材については，JASS 10の6.10およびJASS 5の8.2の規定よりも余裕をもった湿潤養生期間を設けることが望ましい．

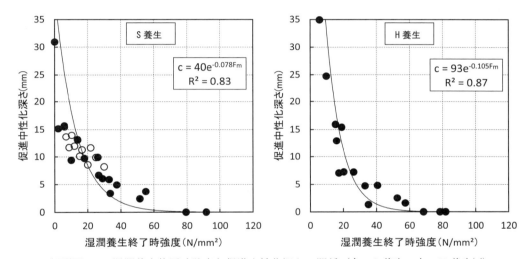

解説図 4.5 湿潤養生終了時強度と促進中性化深さの関係（左：S養生，右：H養生）[4]

4.9 製品検査

ハーフプレキャスト部材の製品検査は，10.2による．

製品検査とは，ハーフプレキャスト部材の脱型後，主に部材の外部から目視や実測によって製品を検査することである．製品検査後の判定は，合格・不合格・要補修に区別する．検査の方法や判定基準は10.2によるが，検査結果の記録はあらかじめ定めた期間保管するとともに，出荷時に製品に添付し，施工現場での受入検査に利用する．解説図4.6にハーフプレキャスト部材の製品検査記録用紙の一例を示す．

製品検査に合格したハーフプレキャスト部材は，合格印（検査済表示）とともに，工事名，階数，部材記号・番号などを含んだ部材名称を，出荷や組立て時に見やすく，かつ内外装仕上げに支障のない箇所に表示する．不合格部材には，不合格である旨の表示をして，すみやかに廃棄処分とする．

要補修と判定されたハーフプレキャスト部材は，適切な補修を行い，補修後に再検査を行う．再検査で合格と判定されたものは出荷できる．

板 検 査 表												
工 事 名												
打 設 月 日	平成　　年　　月　　日			検査者名								
検 査 内 容	nF	nF	nF	nF	nF	nF	nF	nF	nF	nF	nF	nF
型枠検査　短 辺 寸 法												
長 辺 寸 法												
短 辺 寸 法												
短辺鉄筋径ピッチ												
長 辺 寸 法												
長辺鉄筋径ピッチ												
トラス種別高さ												
トラスピッチ												
中間検査　開口、欠き込み												
開 口 補 強 筋												
埋 め 込 み 金 物												
か ぶ り 厚												
板 番 号 位 置												
検 査 日	月　　日		検査者名									
短 辺 寸 法												
最 短 寸 法												
板 厚												
亀 裂												
破 損												
出荷検査　検 査 日	月　　日		検査者名									
亀 裂												
破 損												
備 考												

解説図 4.6　ハーフプレキャスト部材の製品検査記録用紙の一例

4.10　貯蔵・出荷・運搬

> a．製品検査に合格したハーフプレキャスト部材の貯蔵および養生は，JASS 10 の 7 節による．なお，鉄筋が露出した部分は，有害な錆が生じないようにする．
> b．製品を移動する場合は，部材の強度や剛性を考慮し，有害な変形および破損が生じないように行う．
> c．ハーフプレキャスト部材の出荷は，JASS 10 の 7 節による．
> d．ハーフプレキャスト部材の運搬は，JASS 10 の 7 節による．

　a．製品検査に合格したハーフプレキャスト部材は，出荷まで製造工場内の製品貯蔵ヤードに貯蔵される．ハーフプレキャスト部材は部材厚が小さいので，変形しないように考慮して貯蔵しなければならない．先付仕上材のある壁部材などで，貯蔵中に部材の支持点の移動を行って変形を制御する場合は，あらかじめ作業スペースを確保しておく必要がある．参考として，床のハーフプレキャスト部材の貯蔵の様子を解説写真 4.9 に示す．

ハーフプレキャスト部材の貯蔵は，出荷日所要強度が得られるまでの養生も兼ねている．貯蔵中は，コンクリートの強度増進や耐久性に悪影響を及ぼす急激な乾燥や温度変化が作用しないようにシート養生などを行う必要がある．また，鉄筋が露出している場合は，有害な錆が生じないようにビニルシートやテープで養生する必要がある．

解説写真 4.9　床のハーフプレキャスト部材の貯蔵例

　b．ハーフプレキャスト部材を製造工場内で移動する場合は，部材の強度や剛性を考慮し，有害な変形および破損が生じないように行う．なお，製造工場内での移動や積込みの効率化のために鋼製パレットなどを使用することがある．この場合，ハーフプレキャスト部材の組立順序を考慮して荷姿を決めるとよい．

　c．ハーフプレキャスト部材の出荷にあたっては，外観の異常の有無，部材名称（工事名，階数，部材記号・番号など），合格印（検査済表示）などを確認し，さらに出荷日所要強度を満足していることを確認して出荷作業を行う．

　製造者側の出荷担当者は，運搬車両から直接組立箇所にハーフプレキャスト部材を揚重し取り付けることを基本として，施工現場のハーフプレキャスト部材組立担当者と打合せを行い，荷姿図などを作成して出荷する．先付仕上材のある部材などの組立作業に時間がかかる場合は，施工現場内に仮置きすることになるので，その際の枕木や支持材の準備についても打ち合わせる必要がある．ハーフプレキャスト部材は組立順序を考慮して積み込まれるが，部材の形状などによっては荷姿を逆にする場合があるので，必ず現場組立作業者との連絡を密にしておくことが重要である．

　d．ハーフプレキャスト部材の運搬は，JASS 10 の 7.3 によればよい．運搬中に部材にひび割れ，破損，変形などが生じないように留意する．ハーフプレキャスト部材の大きさや搬入経路の交通規制などにより，事前に通行許可を申請しなければならない場合もあるので，確認しておく必要がある．また，交通事故や台風・強風・大雪などによる出荷不能，取付け中止などの不測の事態への対応策も検討しておくとよい．

参 考 文 献

1) 杉山央, 桝田佳寛, 岩井信彰, 中川侑治：大断面プレキャストコンクリート部材製造時の温度履歴特性, 日本建築学会技術報告集, 第14号, pp. 13-18, 2001.12

2) 杉山央, 桝田佳寛, 岩井信彰, 中川侑治：大断面プレキャストコンクリート部材の強度特性, 日本建築学会技術報告集, 第14号, pp. 19-24, 2001.12

3) 石川伸介, 杉山央, 陣内浩：プレキャストコンクリートの部材種類および強度レベルに応じた計画調合策定に関する研究—計画調合策定におけるプレキャスト部材同一養生供試体強度の適用範囲—, 日本建築学会構造系論文集, 第78巻, 第685号, pp. 409-418, 2013.3

4) 李暁赫, 杉山央, 小野克也, 藤本郷史：コンクリートの初期材齢における温度および湿潤養生条件が中性化進行性に及ぼす影響, 日本建築学会構造系論文集, 第79巻, 第703号, pp. 1215-1226, 2014.9

5) 武井一夫：蒸気養生した薄肉部材の乾燥と圧縮強度に関する研究, 日本建築学会構造系論文集, 第478号, pp. 1-8, 1995.12

5章　ハーフプレキャスト部材の受入れ・仮置きおよび組立て・接合

5.1　総　　則

> a．本章は，ハーフプレキャスト部材の受入れ・仮置きおよび組立て・接合に適用する．
> b．ハーフプレキャスト部材の受入れ・仮置きおよび組立て・接合は，施工計画書に基づいて，施工要領書を作成して行う．
> c．ハーフプレキャスト部材の組立て・接合は，作業指揮者を定め，その指示に従って行う．
> d．作業指揮者は，作業開始前に施工要領書に定めた作業内容を関係者に周知徹底させる．

　a．本章は，製造工場より出荷されたハーフプレキャスト部材の施工現場での受入れ，仮置き，建築物の所定箇所での組立て，ハーフプレキャスト部材どうし，またはハーフプレキャスト部材と周辺の部材との接合に適用する．

　b．施工者は工事に先立ち，施工計画書に基づいて，ハーフプレキャスト部材の受入れ，仮置き，組立て，接合などを定めた本工事の施工要領書を作成する．施工要領書には，次の①〜⑪に示す項目についての取扱い方法，作業手順，作業のポイント，注意事項，管理の基準などを記載する．

① 工区区分と揚重機の配置

② 仮設計画（足場や支保工の配置，工事用電気設備の配置など）

③ 搬入順序と製造工場との連絡方法

④ 受入検査の項目，方法および管理基準

⑤ 仮置場所と仮置方法

⑥ 組立作業の人員配置と管理組織

⑦ 組立作業手順および接合作業手順と留意事項

⑧ 組立て時の注意点（のみ込み，かかり代など）

⑨ 組立ておよび接合作業の繰返し範囲

⑩ 組立精度の管理基準

⑪ 安全留意項目

ハーフプレキャスト部材の組立工事の例を解説図 5.1 に示す．

　施工要領書には，施工現場でのハーフプレキャスト部材の受入れ，仮置き，組立て，接合する際の対応および接合部補強筋の配置，接合部の型枠の取付け，後打ちコンクリートの打込みなどの構築作業が含まれている．構造安全性を確保するために，ハーフプレキャスト部材を精度良く組み立て，鉄筋を正しく配筋して堅固に組み立てるとともに，後打ちコンクリートを密実に打ち込む必要がある．そのためには，ハーフプレキャスト部材の受入れから組立終了までの施工要領書が重要となる．

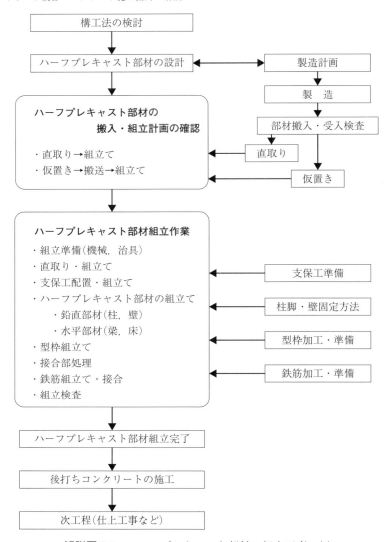

解説図 5.1 ハーフプレキャスト部材の組立工事の例

　また，作業における安全計画では，次の事項を確認し，工事において周知徹底させることが大切である．

① 安全組織体制
② 工事責任者および作業員の資格，免許
③ 作業員の配置
④ 作業における安全注意事項
⑤ 作業中の情報伝達体制

　安全計画に関連して，設計者，工事監理者，施工者および専門業者などの会社名，担当者名などを明記した作業体制図を作成する必要がある．解説図 5.2 に作業体制の例を示す．

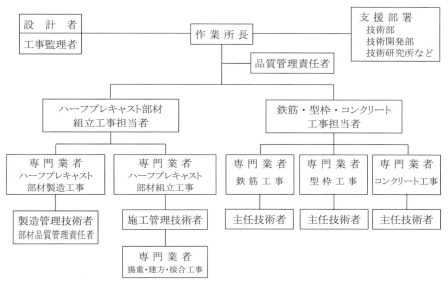

解説図 5.2　作業体制の例

　安全計画には，実作業における各業務グループ中の作業責任者および従事作業者の氏名，玉掛けおよびクレーンなどの資格または免許別の氏名を明記する．荷卸し・玉掛位置および組立作業位置での作業員数なども明記する．また，荷卸し・玉掛けに使用する玉掛用ワイヤー・治具の種類，ハーフプレキャスト部材の仮置き・吊込方法などを明記し，ハーフプレキャスト部材の重量に対して揚重機の性能（作業半径や吊荷重の関係）が十分安全であることを確認しておく．
　作業中におけるハーフプレキャスト部材の供給遅延，機械の故障などによる組立作業の停止，あるいは事故などの緊急事態が生じた場合における危機管理の対応方法，情報伝達方法について，工事管理者および作業者への周知徹底が必要である．
　c．組立て・接合の施工手順の例を解説図 5.3 に示す．
　組立作業は，クレーン運転作業員，トラック運転手，とび工，鍛冶工，墨出し工，左官（グラウト）工などによる混成チームを構成して行われる．それぞれの所属母体が異なるため，工事を円滑に進めるためには，チームワーク作りが重要である．事前にチーム全体で，工事の手順，各職の配置，合図の統一などについて十分な打合せを行い，作業指揮者を選定して，その指揮のもとに作業を進めることが，安全，品質を確保するためには重要である．KY活動（危険予知活動）などを作業開始直前にチームで行うことも大切である．
　床上での組立作業には，移動式構台や固定式構台を使用することがある．労働安全衛生規則では，労働災害防止のために作業用構台に制限荷重の周知を要求している．このため，解説図 5.4 のような構台別の許容荷重表示が必要である．
　d．ハーフプレキャスト部材の受入れ・仮置き・組立て・接合の作業に先立ち，施工要領書で定めた内容を作業者に周知徹底する．クレーンの運転作業員の資格については，機械の形式，吊上げ荷重に応じた各種の資格が定められているので，その有資格者が操作にあたる．運転作業員は，機

械の機構およびその性能に精通しているとともに，作業全体の内容および組立手順などを十分把握しておくことが大切である．機械および組立作業員の資格，免許等については，JASS 10 の 9 節を参照するとよい．

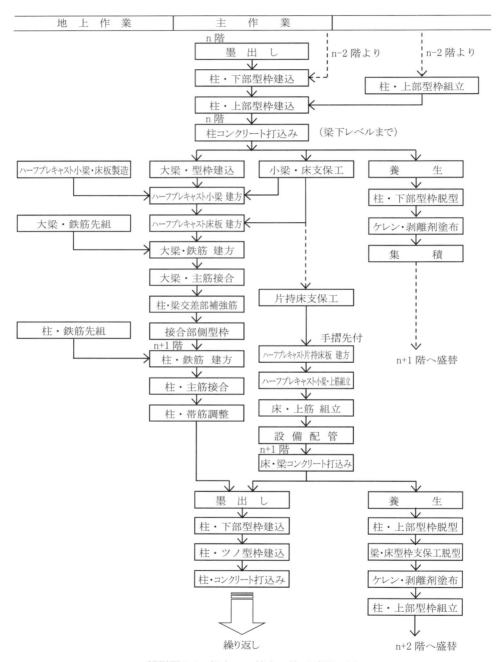

解説図 5.3 組立て・接合の施工手順の例

```
┌─────────────────────────────────┐
│                                 │
│      最大積載許容荷重           │
│                                 │
│      ○○○  kg まで            │
│                                 │
│   作業責任者：○○○○          │
│                                 │
└─────────────────────────────────┘
```

解説図 5.4 構台用許容荷重表示の例

5.2 受入れ・仮置き

> a．ハーフプレキャスト部材の受入れにあたっては，部材名称および製造工場の検査済の表示を確認するとともに，運搬中に生じたひび割れ，破損，変形などの検査を行う．検査に合格しないハーフプレキャスト部材は，受け入れない．
>
> b．ハーフプレキャスト部材を施工現場に仮置きする時は，形状や断面寸法，突出物などを考慮し，架台を設けるなどして，部材に有害なひび割れ，破損，変形，汚れなどが生じないようにするとともに，安全対策を講じる．

　a．ハーフプレキャスト部材を施工現場で受け入れる際には，部材名称および製造工場の検査済表示（合格印）を確認するとともに，製造工場から施工現場までの運搬中に予想外の外力が作用して，ひび割れ，破損，変形などが発生していないかどうかを検査する必要がある．受入検査の具体的な方法は，10.3 に基づいて施工計画書に定めておく．検査に合格しないハーフプレキャスト部材は受け入れない．合格品は，受入れ後，ただちに組立てに使用する部材と仮置きする部材とに区分けをして，所定の場所に運搬する．なお，受入れに先立ち，受入れおよび移動に必要な機械，仮置場所の整備と受け台，組立てに必要な吊治具などの準備をしておく．

　b．ハーフプレキャスト部材は，施工現場での組立工程に合わせて受け入れ，部材を直接，運搬車輌の荷台から吊り上げ，すぐに組立作業を行うのが望ましい．しかし，製造工場の立地場所が施工現場から遠い，または交通が混雑のために計画どおり搬入できない等を考慮して，早めに受け入れる場合がある．あるいは，風・雨・雪など天候不良によりやむを得ず組立作業を中止する場合もある．このような場合は，部材を施工現場または周辺に仮置きすることになる．仮置きする場合は，組立てまでの間に予想される外力または自重を考慮して，有害なひび割れ，破損，変形，汚れなどが生じないように支持架台などを設けるとともに，転倒防止対策を講じる．支持架台を使用してハーフプレキャスト部材を重ねる場合は，上段の部材と下段の部材の同じ位置に支持架台を配置するよう注意する．また，ハーフプレキャスト部材は，部分的に厚かったり薄かったり，また鉄筋や接合用金物が突出していたりと，形状や断面寸法が複雑な場合が多いので，それらを十分考慮して仮置きを計画する．計画にあたっては，製造工場におけるハーフプレキャスト部材の貯蔵方法を参考にするとよい．

― 82 ―　プレキャスト複合コンクリート施工指針　解説

5.3　組立て・接合

> a．ハーフプレキャスト部材の組立作業は，施工要領書に基づいて行う．
>
> b．ハーフプレキャスト部材の接合は，種類および方法を箇所別に設計図書で確認し，施工要領書に基づいて行う．
>
> c．鉄筋および鋼材の接合は，機械式継手，溶接継手，溶接接合，ガス圧接継手または重ね継手，高力ボルト接合またはボルト接合とし，JASS 10 の 10 節による．
>
> d．鉛直のハーフプレキャスト部材の組立て・接合は，所要の性能が確保できるように，下記（1）～（5）に留意して行う．
>
> （1）　ハーフプレキャスト部材は，所定の位置に所要の精度で設置し，倒れや目違いが生じないように組み立てる．
>
> （2）　ハーフプレキャスト部材どうしの接合部，またはハーフプレキャスト部材と周辺の部材との接合部に接合部補強筋を配筋する場合には，コンクリートの打込みなどによってずれたり脱落したりしないように堅固に取り付ける．
>
> （3）　ハーフプレキャスト部材と後打ちコンクリート部分の一体性は，接合面補強筋やコッターなどにより確保する．接合面補強筋やコッターなどは，有害な変形や破損などが生じないようにする．
>
> （4）　ハーフプレキャスト部材間の目地は所定の幅とし，内側端部にテーパーを設けるなどして，その間隙に後打ちコンクリートが確実に充填されるようにする．また，目地からセメントペーストやモルタルを漏出させない措置を講じる．
>
> （5）　ハーフプレキャスト部材は，後打ちコンクリートの側圧やその他の外力により，有害なひび割れ・破損やずれなどが生じないように組立用斜めサポートや支保工などで固定する．
>
> e．水平のハーフプレキャスト部材の組立て・接合は，所要の性能が確保できるように，下記（1）～（5）に留意して行う．
>
> （1）　ハーフプレキャスト部材を現場打ちコンクリート部分で支持する場合は，その現場打ちコンクリートが所定の強度に達したことを確認した後に組み立てる．
>
> （2）　ハーフプレキャスト部材を支保工などによって支持する場合は，支保工などの位置，高さおよび安全性などを確認し，所定の位置に設置し，組み立て，接合する．
>
> （3）　ハーフプレキャスト部材のかかり代は，構造性能および施工時の安全性を考慮して設定する．
>
> （4）　ハーフプレキャスト部材どうしの接合部，またはハーフプレキャスト部材と周辺の部材との接合部に接合部補強筋を配筋する場合には，コンクリートの打込みなどによって移動しないように固定する．
>
> （5）　ハーフプレキャスト部材間の目地は，所定の幅とし，内側端部にテーパーを設けるなどして，その間隙に後打ちコンクリートが確実に充填されるようにする．また，目地からセメントペーストやモルタルを漏出させない措置を講じる．

　a．ハーフプレキャスト部材の組立てに先立って，仮設材料・使用機械などの準備状況を確認して組立作業に支障のないようにし，構造および仕上がりの品質が確保できるようにする．また，組立て前に，基準墨となる通り心，位置墨あるいは逃げ墨を表示しておく．部材割付図（配置）などを利用して組立順序の表示をし，支保工などの仮設材の使用方法を盛り込んだものを組立作業図として作成しておくとよい．

（i）　施工要領書の確認

　次のような種類のハーフプレキャスト部材が施工現場に搬入される．

・柱：コンクリートを縦または横型枠に打ち込んで成形して製造した中空部材など

・梁：U字型にコンクリートを成型したもの（配筋後，後打ちコンクリートを充填する），梁上部に現場打ちコンクリートを打ち込む部分を残した形状のものなど

・床：床の断面の一部をプレキャスト化したもの（プレストレスを入れたものもある）で，後打ちコンクリートと一体化するもの

・壁：壁の断面の一部をプレキャスト化したものを，後打ちコンクリートと一体化するもの

解説写真 5.1 にハーフプレキャスト部材の例を示す．これらの組立てにおいては，次のような確認を行う．

① 仮置きまたは直取りによる組立て開始への準備作業
② 揚重設備や機器類の機種選定および稼動確認・検査
③ 後打ちコンクリートと一体化する方法の確認
④ 吊上げ時および設置時の荷重，ひび割れ耐力などを考慮した吊上位置の確認
⑤ 支保工の配置

中空柱部材[1]　　　U字型梁部材　　　手摺壁付床部材　　　中空壁部材

解説写真 5.1　ハーフプレキャスト部材の例

（ⅱ）　仮設材料の準備

ハーフプレキャスト部材の組立てには，作業用足場および部材組立用支保工，親綱や手すり，養生ネットなどの仮設材料を用いるが，これらは組立作業に支障のないように事前に準備しておく必要がある．組み立てるハーフプレキャスト部材の中で最大重量のものを安全に所定の場所に吊り込むために必要な揚重機械の定格荷重，作業範囲，稼動機能などを確認しておくことが大切である．揚重関係の機械・仮設材料などは，使用期間が長期にわたる場合が多いので，基準を定めて点検・整備し，つねに良好な状態で使用するようにする．揚重機械に付随するワイヤー類，バランスビーム，測定器具類（レベル，トランシット，垂直測定器など）の準備も必要である．一般の現場打ちコンクリート工事と比べて，プレキャスト複合コンクリート工事では躯体工事の立ち上がりが早い．このため，工事実施中の上階からの施工荷重を考慮して，下階における構造安全性を検討した上で，支保工などの設置方法や存置期間を設定し，組立ての工程計画に応じた支保工や仮設治具などを準備する．

（ⅲ）　基準墨などの表示

ハーフプレキャスト部材の組立ての基準となるのは，床に示された基準墨である．床上を清掃して，建築物の位置情報の基準となる柱心を示す通り心，柱位置を示す位置墨，あるいは通り心から一定の距離をおいた逃げ墨（返り墨，補助墨）を表示しておく．また，床面の高さを示す床面レベル基準墨や実際の床面から離れた位置に逃げ墨を表示することもある．ハーフプレキャスト部材の組立てに支障のないように，識別しやすい表示方法を採用する．基準墨の例を解説図 5.5〜5.8 に示す．

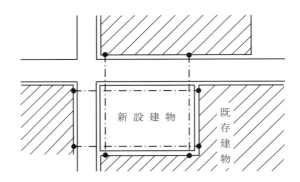

解説図 5.5 基準墨の設定位置の例

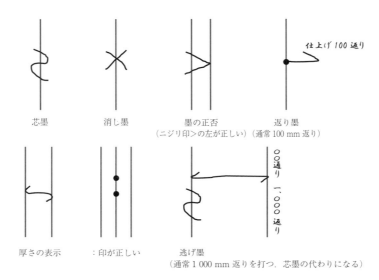

解説図 5.6 基準墨の表示方法の例

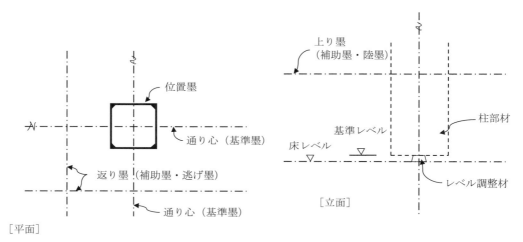

解説図 5.7 柱墨図の例

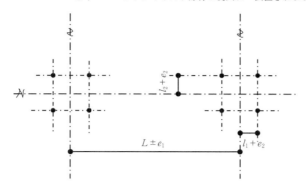

解説図 5.8 柱間隔墨の例

 (iv) 付帯設備機器への対応

　ハーフプレキャスト部材を組み立てる際，付帯する設備機具（電気配管口，必要な設備開口部など）の取付位置，インサートの種類・位置，サッシ金物の種類，位置，取付方法などを確認しておき，プレキャスト複合コンクリート部材および接合部の性能を確保できるようにする必要がある．

　b．ハーフプレキャスト部材の接合とは，ハーフプレキャスト部材どうしの接合およびハーフプレキャスト部材と周辺の部材との接合のことであり，それらの接合部では構造体としての連続性を確保することが重要である．鉛直方向へハーフプレキャスト部材を積み重ねる場合の接合，および床のハーフプレキャスト部材どうしの接合などは，接合部補強筋を介して接合するのが一般的である．ただし，床のハーフプレキャスト部材などにおける水平方向の接合では接合部補強筋を用いない場合もあるので，設計図書で確認し，施工要領書に基づいて接合を行う．その他に，柱部材と梁部材の接合，床部材と柱部材または壁部材の鉛直方向の接合があるが，これらは適切なかかり代または仮受け材が必要である．ハーフプレキャスト部材の接合部には，後打ちコンクリートを打ち込むほか，接合用のグラウトまたはモルタルを充填することが多い．

　接合に関わる確認事項を次の①～④に示す．

　　① ハーフプレキャスト部材の配置，組立方法，固定方法，他の部材との接合方法，部材間のすき間の処理方法など
　　② 接合部における鉄筋の加工と継手方法，接合部補強筋の配置など
　　③ 接合におけるのみ込み，かかり代の寸法と精度の確保方法
　　④ 接合部の型枠あるいは仮受け材の種類，固定方法など

　c．鉄筋および鋼材の接合には，機械式継手，溶接継手，溶接接合，ガス圧接継手，重ね継手，高力ボルト接合，ボルト接合などがある．いずれの接合も JASS10 の 10 節によればよい．

　柱主筋や梁主筋の接合としては機械式継手または溶接継手，壁筋やスラブ筋の接合としてはフレア溶接継手または重ね継手が一般的である．接合方法は設計図書によるが，コンクリートの充填性やかぶり厚さに関わる継手どうしの空きや接合部補強筋の納まり，突出筋がある場合のハーフプレキャスト部材の組立順序や補強筋配筋の施工性，溶接継手，ガス圧接継手または溶接接合を用いる場合の熱応力の影響など，十分な検討が必要である．

d．プレキャスト複合コンクリートの施工では，まず鉛直部材の組立てを行い，その後に水平部材を組み立てる．鉛直部材の組立てにあたって留意すべき点を（1）～（5）に述べる．

（1）ハーフプレキャスト部材の組立精度は，施工計画書および施工要領書にあらかじめ設定しておく必要がある．この組立精度を満足させるためには，支保工，斜めサポート，コラムクランプなどを適切に使用することが重要である．組立精度の検査は，組立作業がすべて終了した時点で行うことが多いが，その時点で不具合と判定されても修正が困難となる場合が多いので，組立作業の流れに沿って寸法の補正や精度を確保するための対策などを，作業順序ごとに実施するのがよい．解説表5.1に組立て時に必要な測定項目を示す．

解説表 5.1　組立て時に必要な測定項目

測定項目	管理事項	測定方法・器具
通　り	直線性	基準墨とのずれ，トランシット
天端レベル	水平性	レベル
目違い・段差	平滑度	曲がり尺，ストレートエッジ
目地幅の通り	直線性	スケール
水平位置	偏り	基準墨とのずれ
倒れ	鉛直性	下げ振り
高さ	水平性	レベル，スケール
かかり代	接合	スケール
のみ込み	接合	スケール

柱のハーフプレキャスト部材は，低床トレーラーで竪積みして運搬するのが望ましいが，水平の状態で運搬されたものを車両から荷卸しして，あらためて垂直に建て起こした後，吊り上げて所定の場所で組み立てることもある．鉄筋がすでに組み込まれている場合は，部材の組立てに際して配筋が乱れないように留意する必要がある．柱のハーフプレキャスト部材を組み立ててコンクリートを打ち込む場合は，施工要領書に従って柱のハーフプレキャスト部材のレベルおよび垂直精度を確認した後，後打ちコンクリートの打込みによってずれや倒れが生じないように堅固に固定しておく．

柱のハーフプレキャスト部材を組み立て，続いて床および梁部材を組み立てた後，後打ちコンクリートを打ち込む場合は，柱のハーフプレキャスト部材の下部に加わる施工荷重を考慮した支持方法としなければならない．組み立てた後は，所定の垂直精度が得られるように，組立用斜めサポートやトラワイヤーなどを用いて確実にハーフプレキャスト部材を固定する．また，後打ちコンクリートが柱のハーフプレキャスト部材の下部から漏出しないように，敷モルタルを詰めておいたり，脚部の外周をモルタルなどで塞いでおく必要がある．

壁部材においても，柱部材と同様に，壁のハーフプレキャスト部材を設置後に後打ちコンクリートを打ち込んでプレキャスト複合コンクリートを構築する場合は，壁のハーフプレキャスト部材の

建込み時に垂直精度を確保するとともに、ハーフプレキャスト部材の下部の固定方法について検討しておく。柱部材または壁部材の場合は、すでに鉛直方向に配筋が一部終了した後にハーフプレキャスト部材を組み立てることがある。柱のハーフプレキャスト部材は、主筋の建込み後に上部から差し込む方法が行われることが多い。壁のハーフプレキャスト部材は、片側のハーフプレキャスト部材を組み立てた後に壁筋を配筋して、もう片方に後打ちコンクリートの型枠またはハーフプレキャスト部材を取り付ける。このように、配筋後にハーフプレキャスト部材を組み立てる場合は、所定の位置で組立てができるように配筋を行う。また、スペーサや鉄筋のサポートなどを用いて、コンクリートの打込み時に配筋位置が移動してかぶり厚さ不足や寸法精度を損なうことのないようにする。柱のハーフプレキャスト部材の倒れ防止対策の例を解説図 5.9 に、壁のハーフプレキャスト部材の例を解説写真 5.2 に示す。

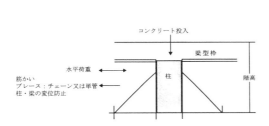

解説図 5.9　柱部材の倒れ防止対策の例

解説写真 5.2　壁部材の倒れ防止対策の例[3]

（2）ハーフプレキャスト部材どうしの接合部、またはハーフプレキャスト部材と周辺の部材との接合部に接合部補強筋を配筋する場合には、コンクリートの打込みなどによってずれたり脱落したりしないように、接合部補強筋を組立筋や接合面補強筋に結束するなどして堅固に取り付ける必要がある。壁の接合部補強筋の例を解説図 5.10 に示す。

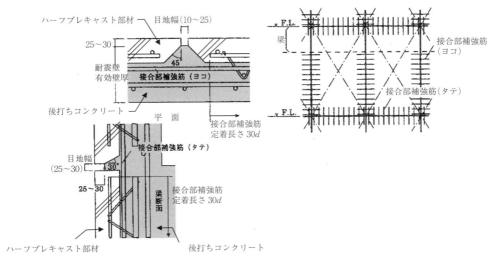

解説図 5.10　壁の接合部補強筋の例[3]

（3） ハーフプレキャスト部材と後打ちコンクリート部分との一体性は，接合面補強筋および凹凸やコッターによる．プレキャスト複合コンクリートでは，ハーフプレキャスト部材と後打ちコンクリート部分との接合面を相互に有効に結合させ，構造体としての一体性を確保する必要がある．このため，ハーフプレキャスト部材の後打ちコンクリートとの接合面に凹凸やトラス筋などの接合面補強筋を介在させ，せん断抵抗力を増す方法が採用される．ハーフプレキャスト部材の受入れ時に，これらのせん断力を伝える接合面補強筋やシヤーコネクタなどが設けられていることを確認することが大切である．

（4） ハーフプレキャスト部材間の目地は所定の幅とし，内側端部にテーパーを設けるなどして，後打ちコンクリートが確実に充填されるようにする．また，目地からセメントペーストやモルタルを漏出させないようにシールを行う等の措置を講ずる．ハーフプレキャスト部材間におけるテーパーは，接合部補強筋のかぶり厚さが確保できることも考慮して設定する．ハーフプレキャスト部材間における目地の処理の例を解説図 5.11 に示す．

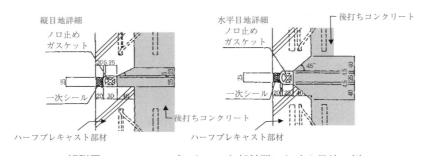

解説図 5.11　ハーフプレキャスト部材間における目地の例

（5） 柱や壁のハーフプレキャスト部材には，内側または側面に後打ちコンクリートを打ち込むが，その側圧やその他の外力によって有害なひび割れ・破損やずれなどが生じないように組立用斜めサポートや支保工などで堅固に固定し，施工時の安全性を確保する．

　e．鉛直部材の組立終了後に，水平部材の組立てを行う．水平部材の組立てにあたって留意すべき点を（1）～（5）に述べる．

（1） 水平のハーフプレキャスト部材の組立ては，原則として鉛直部材のコンクリートが所定の強度に達した後に行う．水平のハーフプレキャスト部材を現場打ちコンクリート部分で支持する場合は，その現場打ちコンクリートが所定の強度に達したことを確認した後に，組み立てるようにする．解説写真 5.3 に梁および床のハーフプレキャスト部材の建入れの例を示す．

（2） 水平のハーフプレキャスト部材を支保工などによって支持する場合は，十分な強度・剛性のある支保工を用いて，支保工の位置，高さおよび施工時の安全性などを確認してから，組立て・接合を行う．支保工については，6章による．大梁の組立てに際しては，その重量や仮設の荷重を受ける支保工が，ハーフプレキャスト部材を所定の位置に保持する性能を有することを事前に確認しておく必要がある．小梁は，大梁の架設後に組み立てられ，溶接接合その他の方法により大梁に接合される．小梁の組立てに際しても，小梁の自重や床からの荷重および施工時の荷重を支保工な

解説写真 5.3　梁および床のハーフプレキャスト部材の建入れの例[4]

どにより確実に支えるようにしなければならない．また，小梁については，躯体完成後の端部支持条件が設計手法により異なるので，設計者の設定した載荷の手順および支持条件を把握して施工する必要がある．

　床のプレキャスト複合コンクリート部材では，厚さ方向の断面の一部をハーフプレキャスト部材とし，上部を後打ちコンクリート部分とした合成構造として構成する場合が多い．この場合のハーフプレキャスト部材は薄いことが多いため，組立て時の取扱い，特に吊上げ方法，支保工の支持方法に注意が必要である．すなわち，ハーフプレキャスト部材の形状や断面特性に応じて専用の吊治具を使用して，ハーフプレキャスト部材に無理な応力または集中応力が作用しないように工夫する必要がある．支保工については，ハーフプレキャスト部材の組立て時の荷重のみでなく，後工程である鉄筋工事や型枠工事，さらには後打ちコンクリート施工時における荷重を想定して配置しておく必要がある．解説写真 5.4 に床部材の支保工および無支保工の例を示す．

解説写真 5.4　床部材の支保工（支柱および水平材）および無支保工の例

（3）水平のハーフプレキャスト部材のかかり代は，構造性能および施工時の安全性を考慮して設定する．標準的なかかり代は 15～30 mm であり，その精度は ±5 mm を標準とすることが多い．かかり代は，ハーフプレキャスト部材を組み立てる際，柱・梁部材やせき板などに支持される部分で，施工時の安全のためにかかり代の確保は重要である．一方，のみ込みは，ハーフプレキャスト部分が柱や梁，耐力壁の構造断面に差し込まれている部分で，その寸法は，構造計算や実験あるい

は信頼できる資料に基づいて設定する．また，後打ちコンクリートの打込みにあたって，帯筋，あばら筋，壁筋とのあき寸法も重要であるため，施工誤差も考慮した数値を設定して計画する．必要に応じて，断面を打ち増す，受けあごを付ける，受け治具や際根太を設けるなど，構造性能および施工時の安全性の確保に十分配慮する．なお，ハーフプレキャスト部材を受けるかかり代部分は無筋の場合が多く，架設時に欠けたり，ひび割れが生じて荷重を支えられなくなるおそれもあるので，補強や仮止めなどの措置を講ずるとよい．解説図 5.12 に耐力壁にのみ込んでいない場合の受け治具の例，解説図 5.13 に架設時落下防止のための仮止めの例，解説図 5.14 に大梁と床のかかり代，解説図 5.15 に大梁と小梁のかかり代およびのみ込み，解説図 5.16 に柱と大梁のかかり代の例について，それぞれ示す．

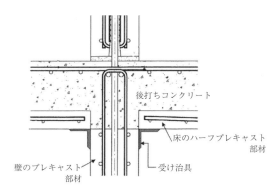

解説図 5.12 床部材の受け治具の例[5]

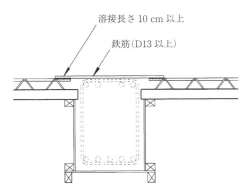

解説図 5.13 床部材の架設時落下防止のための仮止めの例[6]

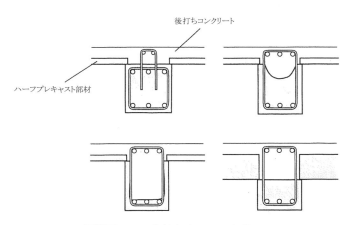

解説図 5.14 大梁と床のかかり代の例

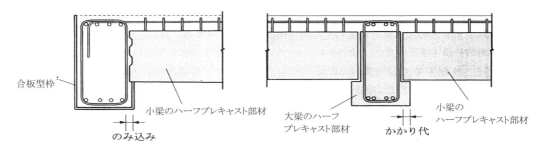

解説図 5.15　大梁と小梁のかかり代およびのみ込みの例

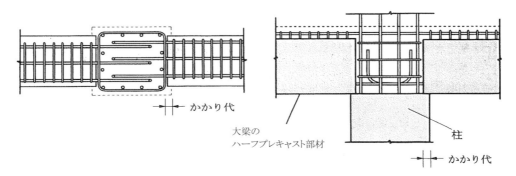

解説図 5.16　柱と大梁のかかり代の例

（4）ハーフプレキャスト部材どうしの接合部，またはハーフプレキャスト部材と周辺の部材との接合部に接合部補強筋を配筋する場合には，コンクリートの打込みなどによってずれたり乱れたりしないように，接合部補強筋を組立筋やトラス筋に結束するなどして堅固に固定する．床の接合部補強筋の例を解説図 5.17 に示す．

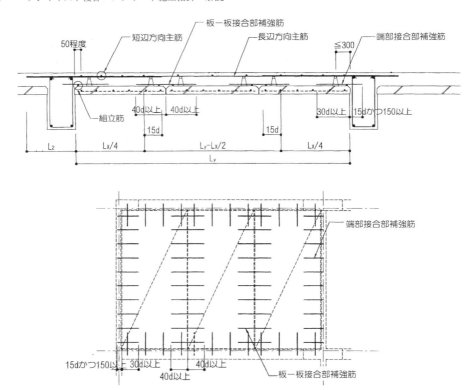

解説図 5.17 床をプレキャスト複合コンクリート部材とした場合の接合部補強筋の配置例[5]

ボイド床をプレキャスト複合コンクリート部材とする場合，ボイド型枠がハーフプレキャスト部材の上面に配置されるため，接合部補強筋の位置や配筋方法が複雑になる．このようなボイド床としては，ポリスチレンフォーム製品で中空部を形成する合成床（EPS ボイド合成床という）が一般的であり，部材の設計・製造・施工基準（要項・要領）が定められている．これらの基準類では，スラブ上面段差部の配筋要領やスラブ内設備配管要領などについても定めていることが多いので，確認しておく必要がある．ボイド床の接合部補強筋の例を解説図 5.18 に示す．

プレストレスを導入した床のハーフプレキャスト部材のように，部材に埋め込まれた接合用金物を溶接接合するものや，穴あきハーフプレキャスト部材のように，接合部補強筋を配筋しないものもあるので，設計図書で接合方法を確認し，適切に施工する．

（5） 床のハーフプレキャスト部材どうしの目地幅は一般的に「0」（面タッチと呼ばれる）である．ただし，雨がかりとなる外部では，シーリング防水のために所定の目地幅を確保する．鉛直部材と同じように接合部補強筋を配筋する場合は，内側にテーパーを設けるなどして，後打ちコンクリートが確実に充填されるようにする．また，接合部補強筋のかぶり厚さが確保できることも考慮する．解説図 5.19 に接合部の例を示す．

住宅の天井面などで直接ビニルクロスを貼る場合などは，接合部の目違いやセメントペーストやモルタルの漏出などを防止する措置を講じておくと，補修の手間が省けてよい．梁や壁と床の接合

5章 ハーフプレキャスト部材の受入れ・仮置きおよび組立て・接合 — 93 —

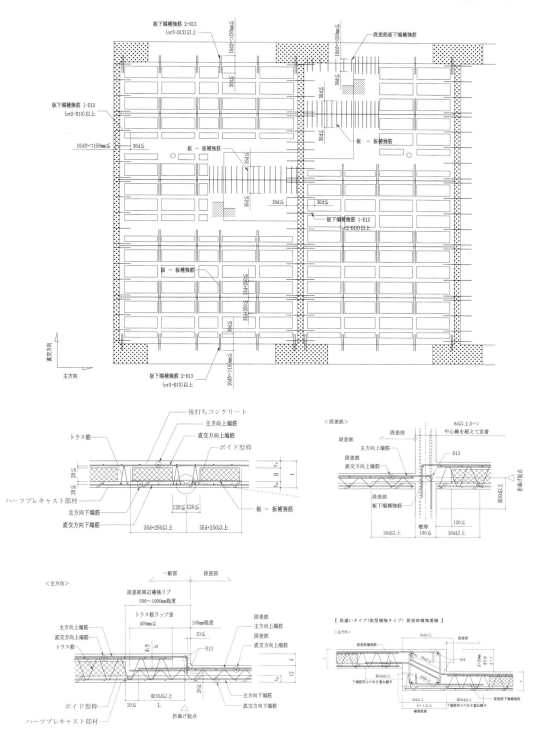

解説図 5.18 ボイド床の接合部補強筋の例[7]を改変して作成

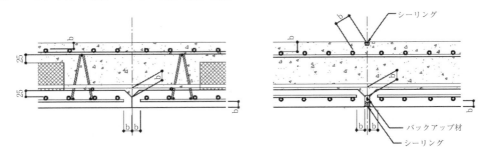

解説図 5.19　床部材間の接合部の例[5]

部などは，後打ちコンクリートの打込み前にポリマーセメントモルタル塗りなどをしておく方法もある．その施工例を解説写真 5.5 に示す．

解説写真 5.5　床―梁部材間のポリマーセメントモルタル塗りの例

5.4　受入れおよび組立て・接合の品質管理・検査

> ハーフプレキャスト部材の受入れおよび組立て・接合の品質管理・検査は，10.3 による．

ハーフプレキャスト部材の受入れおよび組立て・接合の品質管理・検査は，10.3 により行う．

参 考 文 献

1) PCa 技術研究会：プレキャストコンクリート技術マニュアル，p.103, 1999.9
2) PCa 技術研究会：プレキャストコンクリート技術マニュアル，p.101, 1999.9
3) タカムラ建設：オムニア PCF システムマニュアル，p.2-11, 図 4.6　図 4.7
4) 高層工業化工法開発委員会，住宅・都市整備公団，九段建築研究所，プレハブ建築協会：パンフレット（WR-PC 工法のご案内），1995.6
5) プレハブ建築協会：PC 構造配筋標準図集，2005.3
6) タカムラ建設：オムニアボイドスラブシステムマニュアル，p.50, 図 6.4
7) 都市再生機構：建築工事特記仕様書（トラス筋内蔵 PCa 合板床板・トラス筋内蔵 PCaEPS ボイド合板床板特記仕様書），2014.2

6章　ハーフプレキャスト部材の支保工工事

6.1　総　　則

> a．本章は，プレキャスト複合コンクリート工事におけるハーフプレキャスト部材の支保工の組立ておよび取外しに適用する．
> b．ハーフプレキャスト部材の支保工の組立て・取外し作業は，施工計画書に基づいて，安全計画を含む施工要領書を作成して行う．
> c．ハーフプレキャスト部材の支保工の組立て・取外しは，作業指揮者を定め，その指示によって行う．
> d．ハーフプレキャスト部材に使用する支保工は，強度・剛性，組立精度，調整機能，作業性などに関して，所要の性能を有するものでなければならない．

　a．プレキャスト複合コンクリート工事では，ハーフプレキャスト部材を所定の位置に固定した後にも，後打ちコンクリートの打込み時の荷重などのさまざまな荷重がハーフプレキャスト部材に作用するので，これに耐えうるようにハーフプレキャスト部材を堅固に支持するための支保工が必要である．一方，後打ちコンクリート部分には，せき板，支保工などを含む型枠が必要である．前者の工事については本章を適用し，後者の工事については7章を適用する．すなわち，本章は，プレキャスト複合コンクリート工事においてハーフプレキャスト部材を組み立てる場合，およびそれに付随して型枠を取り付ける場合に，それらを支持する支保工に要求される性能・品質，支保工の組立て・取外しおよび品質管理・検査に適用する．

　b．ハーフプレキャスト部材に作用する荷重の変動，部材の寸法や配筋，さらに支保工を受けるための先付金物の位置などに応じた十分な事前の検討が必要であり，施工計画書に基づき，支保工の施工要領書の作成が求められる．本工法に用いられる支保工は，その使用目的，対象，構造体の構造形式，その他の組合せにより多岐にわたる．支保工を組み立てる時には，労働安全衛生規則第240条（組立図）で，組立図を作成することが定められている．組立図には，支柱，梁，つなぎ，筋かいなどの部材の配置・接合の方法および寸法を記載する．プレキャスト複合コンクリート工事の支保工の組立て，取外しまでの流れを解説図6.1に示す．

　c．重量の大きなハーフプレキャスト部材の支保工の組立て・取外しを安全に進めるためには，作業指揮者を定めて，その指示によって施工計画書および施工要領書に基づいた作業を行う．

　d．支保工は，ハーフプレキャスト部材およびそれに付随する型枠を所定の位置に固定・支持し，ハーフプレキャスト部材と所定の強度に達した後打ちコンクリートが一体化して所要の構造安全性を発現するまで保持するための重要な仮設材である．ハーフプレキャスト部材は，大きさ，形状および所要強度が各種あり，かつハーフプレキャスト部材を支える支保工には数多くの種類があるため，おのおのに多様な機能が要求される．

　以下に，支保工に要求される性能および品質について解説する．

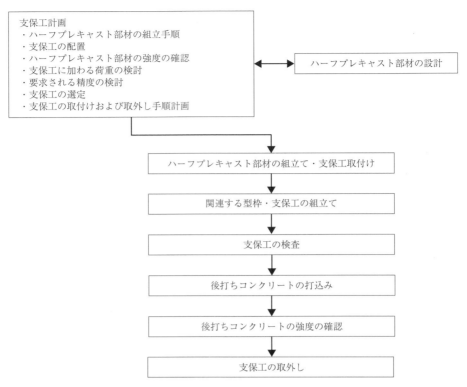

解説図 6.1　プレキャスト複合コンクリート工事における支保工工事のフローの例

（1）　強度および剛性

　荷重には，①組立て時の鉛直荷重・水平荷重・衝撃荷重，②組立て後の地震荷重・風荷重，③後打ちコンクリート打込み時の側圧，④後打ちコンクリートの重量，⑤機具・足場・作業員の重量などの鉛直荷重・水平荷重がある．これらの荷重に対して，ハーフプレキャスト部材に有害なひび割れや変形を発生させないこと，およびハーフプレキャスト部材が過大な変形や移動・破損・脱落をしないように堅固に支えることが要求される．したがって，後打ちコンクリートの重量や側圧，作業荷重などに対して，ハーフプレキャスト部材のひび割れ算定や支保工の強度算定を行い，支保工の間隔，強度，剛性などを確保する．支保工の変形量が，そのまま後打ちコンクリート硬化後の部材の変形量となるので，その大きさは構造体の寸法精度の許容値以内に収まるようにする．

（2）　組立精度および調整機能

　ハーフプレキャスト部材の製品精度と後打ちコンクリート打込み時の変形量を加えたものがプレキャスト複合コンクリートの寸法・位置の精度となる．このため，支保工には，①ハーフプレキャスト部材が所定の位置に組み立てられるように位置，高さ，傾きなどを調整・固定する機能，②要求精度に応じた微調整機能（仕上げの種類などによって要求される精度が異なる）が要求される．所定の位置とは，単に図面上の位置を指すだけはなく，仕上げの精度とハーフプレキャスト部材ごとの寸法などのばらつきを勘案した位置である．ハーフプレキャスト部材には，許容の範囲内では

6章　ハーフプレキャスト部材の支保工工事　— 97 —

あるが，製造時の寸法誤差がある．また，タイルや石を打ち込んだ部材は，表裏で乾燥の速度が違うため，反りが生じたりする．また，保管時にたわむこともある．

　許容範囲内の誤差や反り・たわみが生じたハーフプレキャスト部材を組み立てる際には，部材ごとの誤差が累積しないように，部材ごとに位置・高さ・傾きなどを調整して取り付けることが要求される．仕上げの種類などによって要求される精度が異なるが，タイルを打ち込んだハーフプレキャスト部材の場合，タイルの目地が合うように数ミリメートル単位で部材を個々に微調整できる機能が必要である．支保工の組立てにおいては，要求される精度に応じて管理値を定めて精度を確保する必要がある．なお，ハーフプレキャスト部材の組立精度は10.3による．

（3）　作業性など

　ハーフプレキャスト部材の組立ておよび取外しは，作業性および安全性が確保できるものでなければならない．具体的には，以下に示す性能が求められる．

（ⅰ）　支保工の組立ておよび取外し作業が簡便であること

（ⅱ）　ハーフプレキャスト部材の組立てや取外しにおける作業性や安全性が確保できる支保工構法であること

（ⅲ）　後続する作業のための足場や手すりなどが必要に応じて取り付けられること

6.2　支保工の材料・種類

> 支保工の材料・種類は，JASS 5 の 9 節による．

　ハーフプレキャスト部材に使用する支保工には 6.1d に示した性能が必要であり，その材料・種類については，JASS 5 の 9 節によればよい．

　支保工の本来の目的は，ハーフプレキャスト部材やせき板を所定の位置に精度良く固定し，後打ちコンクリートが所要の強度を発現するまで保持することである．また，その他の機能も兼ね備えるように計画されることが多い．例えば，後続作業のための作業足場や養生施設の機能を兼ねる場合もあり，種々工夫がなされている．プレキャスト複合コンクリート工事において使用される支保工を，使用目的，支持する部材，構造体の構造形式に応じて分類すると，次のようになる．

（1）　使用目的による分類

（ⅰ）　ハーフプレキャスト部材および後打ちコンクリートの荷重を支えるもの

（ⅱ）　ハーフプレキャスト部材が所定の精度を保つように支えるもの

（ⅲ）　後続作業のための作業足場や養生施設の機能を兼用するもの

（ⅳ）　ハーフプレキャスト部材に付随する型枠を支持するもの

（2）　支持する部材の部位による分類

（ⅰ）　柱，壁などの鉛直部材

（ⅱ）　梁，床などの水平部材

（3）　適用される構造体の構造形式による分類

（ⅰ）　鉄筋コンクリート（RC）造

— 98 —　プレキャスト複合コンクリート施工指針　解説

　（ⅱ）　鉄骨鉄筋コンクリート（SRC）造

　（ⅲ）　鉄骨（S）造

　（ⅳ）　その他の構造

　ハーフプレキャスト部材とは関係なく，単独で一般的に用いられる型枠の支保工については，本会のJASS 5または「型枠の設計・施工指針」などによる．

6.3　支保工の組立て

> a．支保工は，プレキャスト複合コンクリートの使用目的・部位などに応じて，適切な工法を選択し，所定の位置に精度良く，堅固に組み立てる．
> b．支保工は，ハーフプレキャスト部材の重量のほか，後打ちコンクリート部分・機具・足場・作業員などの重量，後打ちコンクリート打込みなどの作業にともなう振動・衝撃による荷重，上階から伝達される荷重，地震・風による荷重に耐えるものでなければならない．また，支保工の強度および剛性の計算は，JASS 5の9節による．
> c．支保工は，プレキャスト複合コンクリートがひび割れや所定の寸法許容差を超えるたわみまたは誤差などを生じないように配置する．また，構造体の精度を確保するために，ハーフプレキャスト部材の組立て前後に精度の調整が可能となる構造とする．
> d．鉛直部材を支える支保工は，下記（1）および（2）の事項に留意して施工する．
> 　（1）　ハーフプレキャスト部材に作用する水平荷重に耐え，かつ所要の組立精度を確保できるように，斜めサポート等を使用する．
> 　（2）　柱や壁のハーフプレキャスト部材は，締付金物や支保工によって，後打ちコンクリートの側圧に耐えるようにする．
> e．水平部材を支える支保工は，下記（1）および（2）の事項に留意して施工する．
> 　（1）　床や梁のハーフプレキャスト部材に作用する鉛直荷重と，梁の側面や柱・梁の交差部の側面に作用する水平荷重に耐えるものとする．
> 　（2）　梁のハーフプレキャスト部材は，締付金物や支保工によって水平荷重や後打ちコンクリートの側圧に耐えるようにする．

　a．支保工は，組立図により精度良く，堅固に組み立てる．一般的に，ハーフプレキャスト部材を支持するために使われているサポート材は，圧縮または引張荷重に対してのみ有効に働くように設計されている．所定の性能を発揮して安全な支保工とするためには，正しく取り付けることが重要である．なお，労働安全衛生規則第246条（型枠支保工の組立て等作業主任者の選任）により支保工の組立てまたは取外しの作業にあたっては，型枠支保工の組立てなど作業主任者技能講習を修了した者のうちから作業主任者を選任することが規定されている．

　ハーフプレキャスト部材を組み立てる場合は，ハーフプレキャスト部材を用いる部位および構造形式によってさまざまな支保工の設置の方法がある．以下に部位ごとの支保工の取付けに関する基本的な注意事項を示す．

　（1）　柱部材の支保工では，建入れ精度の確保および水平荷重に対する転倒防止機能が要求される．

　（2）　壁部材の支保工では，建入れ精度・面の仕上がり精度の確保および水平荷重に対する転倒防止機能が要求される．また，後打ちコンクリートの側圧に対して安全なセパレータおよび端太材の配置が必要である．

　（3）　梁部材の支保工では，高さ精度の確保およびハーフプレキャスト部材，後打ちコンクリー

トの荷重を支える強度・剛性が要求される．

（4） 床部材の支保工では，高さ精度・面の仕上がり精度の確保およびハーフプレキャスト部材と後打ちコンクリートの荷重を支える強度・剛性が必要である．

以上のような事項を考慮して適切な工法を選定する必要がある．まず，型枠支保工の選定・設計・組立て等に関わる関係法令には，労働安全衛生規則第 27 条，同 237 条〜247 条および同 646 条に定めがある．また，型枠支保工に用いるパイプサポート，補助サポート，ウィングサポートについては，労働安全衛生法第 42 条，同施行令 13 条に基づき「型わく支保工用のパイプサポート等の規格」（平成 12 年 労働省告示第 120 号）が定められている．これらの法令に適合するものを選定しなければならない．

（一社）仮設工業会では，上述の厚生労働大臣が定める規格および仮設工業会が自主的に定めた仮設機材認定基準に適合することを検査・認定する「仮設機材認定制度」を実施している[1)~3)]．支保工の選定にあたっては，解説図 6.2 に示す刻印や標章等によって，認定品であることを確認するとよい．なお，JIS A 8651 にもパイプサポートの規格があるが，JIS 認定工場がなく，現状では JIS 認定品が流通していない[4)]．

認定制度の適用を受けないシステムとしての仮設構造物等については，仮設工業会が「仮設機材に関する承認制度」を設けている．現在，多数のシステム型枠工法が提案されており，プレキャスト複合コンクリート工事においても，さまざまな支保工が使用される．工法選定にあたっては，このような承認制度を参考にするとよい．

認定制度の適用を受けない個々の仮設機材については，仮設工業会が「単品承認制度」を設けている．プレキャスト複合工事では，大きな鉛直荷重を支持する必要が生じることもある．このような場合には，通常よりも強度の高いサポート材を選定する必要があり，単品承認制度が参考になる．

解説図 6.2 仮設機材認定制度の刻印（左）および認定合格標章（右）の例

b．支保工の強度および剛性を計画する際の外力としては，ハーフプレキャスト部材の重量のほかに後打ちコンクリート施工時の鉛直荷重，水平荷重，コンクリートの側圧などがある．

（1） 鉛直荷重

支保工に作用する鉛直荷重には次の種類があり，それらを加算したものを外力として検討しなければならない．これらの外力によりひび割れや有害なたわみが生じないように，支保工を配置することが重要である．

（ⅰ）　プレキャスト部材の重量および組立て時の施工荷重

（ⅱ）　後打ちコンクリート部分の型枠，鉄筋および後打ちコンクリートの重量

（ⅲ）　後打ちコンクリート打込みの際の打込機具・足場・作業員などの重量

（ⅳ）　資材の積上げや，次工程にともなう施工荷重

（ⅴ）　後打ちコンクリートの打込みにともなう衝撃荷重

鉛直荷重の種類および大きさの例を解説表6.1に示す.

解説表 6.1　鉛直荷重の種類および大きさの例（JASS 5 の 9.7 による）

荷重の種類		荷重の値	備　考
固定荷重	普通コンクリート	24 kN/m³×d：普通	d：部材厚さ（m）
	軽量コンクリート	20 kN/m³×d：軽量1種 18 kN/m³×d：軽量2種	
	型枠重量	0.4 kN/m²	
積載荷重	通常のポンプ工法	1.5 kN/m²	作業荷重＋衝撃荷重
	特殊な打込み工法	1.5 kN/m²以上	実情による

（2）　水平荷重

支保工に作用する水平荷重には次の種類がある.

（ⅰ）　後打ちコンクリート打込み時に水平方向に作用する荷重

（ⅱ）　地震荷重，風荷重

労働安全衛生規則第240条（組立図）では，鋼管枠を支柱として用いる支保工の場合は，支保工に作用する鉛直荷重の2.5％の水平荷重，鋼管枠以外のものを支柱として用いる場合は，支保工に作用する鉛直荷重の5％の水平荷重が作用しても安全な構造とすることを規定している. 支保工の種類別に水平荷重の推奨値（労働省産業安全研究所，現　独立行政法人労働安全衛生総合研究所）を解説表6.2に示す.

地震荷重については，支保工の設置期間が短いため，一般の場合には考慮する必要がないとされている[1),4)]. 風荷重についても同様であるが，強風の場合には考慮する必要がある. 風荷重の計算については，文献1），文献4）や仮設工業会「改訂　風荷重に対する足場の安全技術指針」[5)]が参

解説表 6.2　支保工の種類別の水平荷重の推奨値（労働省産業安全研究所）

	水平荷重	例
型枠がほぼ水平で現場合わせで支保工を組み立てる場合	鉛直荷重の5％	パイプサポート 単管支柱，組立て支柱 支保梁
型枠がほぼ水平で工場製作精度で支保工を組み立てる場合	鉛直荷重の2.5％	枠組支柱

考になる.

（3） コンクリートの側圧

コンクリートの型枠設計用側圧および側圧に影響する要因を解説表 6.3，6.4 に示す．支保工の構造計算は，JASS 5 の 9 節，「型枠の設計・施工指針」などを参考にして行う．

解説表 6.3　型枠設計用の側圧（JASS 5 の 9.7 による）

打込み速さ	10 m/h（1.67 m/10mim）以下の場合		10 m/h（1.67 m/10min）を超え 20 m/h（3.33 m/10min）以下の場合		20 m/h（3.33 m/10min）を超える場合
	1.5 以下	1.5 を超え 4.0 以下	2.0 以下	2.0 を超え 4.0 以下	4.0 以下
柱	$W_0 H$	$1.5W_0 + 0.6W_0 \times (H-1.5)$	$W_0 H$	$2.0W_0 + 0.8W_0 \times (H-1.5)$	$W_0 H$
壁		$1.5W_0 + 0.4W_0 \times (H-1.5)$		$2.0W_0 + 0.4W_0 \times (H-1.5)$	

［注］　H：フレッシュコンクリートのヘッド（m）（側圧を求める位置から上のコンクリートの打込み高さ）
　　　　W_0：フレッシュコンクリートの単位容積質量（t/m³）に重力加速度を乗じたもの（kN/m³）

解説表 6.4　側圧に影響する要因[4]

打込み速さ	打込み速さが速ければ，ヘッドが大きくなって最大側圧が大となる．
コンシステンシー	コンクリートが軟らかければ，コンクリートの内部摩擦角が小さくなり，液体圧に近くなり側圧は大となる．
コンクリートの単位容積質量	単位容積質量が大きければ，側圧は大となる．
コンクリートの温度および気温	温度が高ければ凝結時間が短くなり，コンクリートの打込み高さに従ってコンクリートヘッドが小となり，側圧が減少する．
せき板表面の平滑さ	打ち込んだコンクリートと型枠表面との摩擦係数が小さいほど液体圧に近くなり，最大側圧は大となる．
せき板材質の透水性または漏水性	透水性または漏水性が大きいと，最大側圧は小となる．
せき板の水平断面	柱または厚い壁などの部材では垂直方向のアーチ作用が減り，最大側圧は大となる．
バイブレータ使用の有無	バイブレータをかけると，コンクリート内部摩擦角が減少し，コンクリートは液体圧にほぼ等しい側圧を示すようになる．
鉄骨または鉄筋量	補強筋は上部から下部へ伝えられる圧力を妨げる上，鉄筋のすき間においてもアーチ作用が起きるため，鉄骨・鉄筋または設備用配管が多ければ多いほど側圧は減少する．

ハーフプレキャスト部材は，組立て時の鉛直荷重・水平荷重・衝撃荷重，組立て後の地震荷重・風荷重，後打ちコンクリート打込み時の側圧・水平荷重・鉛直荷重などに対して，過大な変形や移動・破損・脱落を生じないように堅固に支えられなければならない．そのため，十分な強度・剛性を有する支保工を適正に配置する必要がある．支保工の種類，設置する間隔，強度，剛性などは，ハーフプレキャスト部材のひび割れ算定や支保工の強度計算を行って決められるが，支保工の組立

てに際しては，それらを確認することが重要である．

c．ハーフプレキャスト部材を受ける支保工については，支保工の変形量が後打ちコンクリート硬化後そのままプレキャスト複合コンクリート部材の変形量となるので，その大きさは構造体の寸法精度や仕上げの精度の許容値以内に収まるようにしなければならない．支保工の精度については，支保工そのものの組立精度ではなく，それが保持するハーフプレキャスト部材の位置・精度を優先して管理することが重要である．すなわち，部材の製品誤差の吸収および支保工の変形量を加味して組み立てる必要がある．特に水平部材（大梁，小梁，床）は，一般に次のような時点で荷重に変化が生じるため，各時点での許容応力度や変形量の事前の検討が求められる．

（1） ハーフプレキャスト部材を組み立てて支保工により支持した時点
（2） 後打ちコンクリートを打ち込んだ時点
（3） 上階のコンクリートを打ち込んだ時点
（4） 支保工を取り外した時点

d．鉛直部材を支える支保工は，下記（1），（2）の事項に留意して施工する．

（1） 壁や柱などの鉛直部材となるハーフプレキャスト部材は，転倒を防止し，また，所要の組立精度を確保するために，各種の支保工で適切に支持する必要がある．例えば，斜めサポートは，ハーフプレキャスト部材の先付部品などと接続するものであり，建入れ直しなどのための調整機能を有している．斜めサポートによるハーフプレキャスト部材の設置例を解説図6.3，6.4に示す．また，外周壁をハーフプレキャスト部材とした場合の支保工（斜めサポート）の取付け例を解説図6.5に示す．

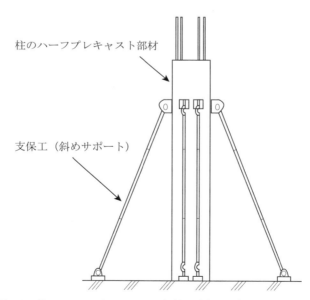

解説図6.3 柱のハーフプレキャスト部材の支保工（斜めサポート）の例

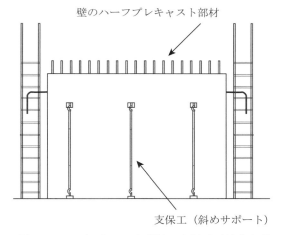

解説図 6.4 壁のハーフプレキャスト部材の支保工（斜めサポート）の例

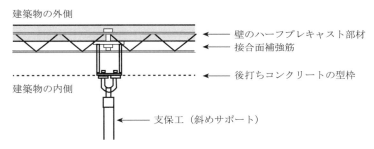

解説図 6.5 外周壁のハーフプレキャスト部材の支保工（斜めサポート）の取付け例

（2）鉛直部材に用いる支保工は，通常，ハーフプレキャスト部材に作用する水平荷重や打込み時に作用するコンクリートの側圧を負担するとともに，ハーフプレキャスト部材を組み立てる時の精度を確保するための機能も兼ねる場合が多い．解説図 6.6 は，大型システム型枠を使用した例である．この場合は，支保工は作業足場の機能も兼ねている．

e．水平部材を支える支保工は，下記（1），（2）による．

（1）水平部材に使用する支保工は，ハーフプレキャスト部材の重量や後打ちコンクリートの重量などの鉛直荷重や，後打ちコンクリート打込み時などに作用する水平荷重などを負担するものである．支保工はそれぞれの工程において，支持しているプレキャスト複合コンクリート部材に強度低下が生じたり，過度の変形が生じたりしないように，取付け・取外しを行う必要がある．（一社）仮設工業会では，一般的な型枠支保工の種類を解説表 6.1 のように分類している．

それぞれの工法の一般的な特徴については，文献 4）を参照されたいが，ここでは，この解説表 6.1 の分類と対応するように，プレキャスト複合コンクリート工事における支保工の例を示す．

解説写真 6.1 に鋼管支柱式の支保工の例，解説写真 6.2 にはり式の支保工の例，解説図 6.7 に枠組式による支保工の例を示す．例えば，バルコニーのように作業空間が狭い箇所では，枠組式の選定が有効である．

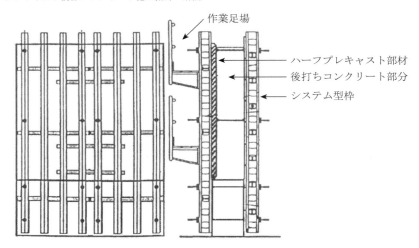

解説図 6.6 大型システム型枠を壁部材に使用した例

解説表 6.5 型枠支保工の分類[1,2]

分類	型枠支保工の種類
鋼管支柱式	・パイプサポート式型枠支保工 ・くさび緊結式型枠支保工
枠組式	・枠組式型枠支保工
組立鋼柱式	・組立鋼柱式型枠支保工
はり式	・軽量支保梁式型枠支保工 ・重量支保梁式型枠支保工 ・H型鋼組立式型枠支保工

　ハーフプレキャスト部材を使用して梁，床を構築する場合には，支保工設置の有無，箇所数により，構造体完成時に発生する曲げ応力の大きさが異なってくる．通常は，あらかじめ支保工を設置した上にハーフプレキャスト部材を載せる場合が多いが，逆にハーフプレキャスト部材を組み立てた後に，支保工を設置する場合もある．この場合は，ハーフプレキャスト部材の組立て時に作用する曲げモーメントによるひび割れのチェックを行う必要がある．

　水平部材を受けるために使われるサポート材には，先に述べたように，仮設機材認定制度に準拠したパイプサポートに加えて，単品承認制度に準拠したサポート材もある．支保工は単に荷重を受けるだけでなく，作業床や安全設備などの仮設設備を兼用して計画される場合も多いので，これらの荷重を適切に考慮する．

　（2）　梁では，ハーフプレキャスト部材の側面，柱・梁の接合部（パネルゾーン）および水平部材における仮設用開口部での側圧に対応したせき板と締付金物の取付けを十分に行うことが重要である．

6章　ハーフプレキャスト部材の支保工工事　— 105 —

解説写真 6.1　鋼管支柱式による支保工の例

解説写真 6.2　はり式による支保工の例

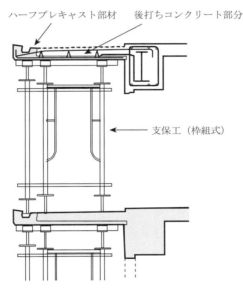

解説図 6.7　枠組式による支保工の例

6.4　水平部材を支える支保工の存置期間

a．水平部材を支える支保工の存置期間は，後打ちコンクリートの強度が設計基準強度に達したことが確認されるまでとする．

b．支保工除去後，その部材に加わる荷重が構造計算書におけるその部材の設計荷重を上回る場合には，上記 a．で定める存置期間にかかわらず，計算によって十分安全であることを確かめた後に取り外す．

c．上記 a．で定める存置期間より早く支保工を取り外す場合は，対象とする部材が，支保工を取り外した後に，その部材に加わる荷重を安全に支持できるだけの強度を適切な計算方法から求め，後打ちコンクリートの圧縮強度がその強度を上回ることを確認しなければならない．ただし，取外し可能な強度は，この計算結果にかかわらず最低 12 N/mm² 以上としなければならない．

d．支柱の盛替えは，原則として行わない．やむを得ず盛替えを行う必要が生じた場合は，その範囲と方法を定めて，工事監理者の承認を受ける．

e．片持梁下または片持スラブ下の支保工の存置期間は，上記 a．，b．に準ずる．

a．水平部材，すなわちスラブ下，梁下などのハーフプレキャスト部材を支える支保工の存置期間は，JASS 5 と同様に，基本的に後打ちコンクリートの強度が設計基準強度に達したことが確認されるまでとした．なお，コンクリート強度の確認方法は，JASS 5T-603「構造体コンクリートの強度推定のための圧縮強度試験方法」による．

b．水平部材を支える支保工の存置期間は，a．のとおり，基本的に後打ちコンクリートの強度が設計基準強度に達したことが確認されるまでである．しかし，上階からの伝達荷重や工事中の仮設荷重が加わることによって，支保工取外し後，プレキャスト複合コンクリート部材に作用する全荷重が設計荷重を上回ると予測される場合は，後打ちコンクリートの強度が設計基準強度に達したかどうかにかかわらず，荷重による有害なひび割れを生じず，十分に安全であることを計算によって確認した後に支保工を取り外す必要がある．具体的な検討方法は，JASS 5 を参照されたい．

c．スパンが短い床，部材断面の大部分がハーフプレキャスト部材で占められる場合，高強度コンクリートを適用する場合など，適切な計算方法からその部材の安全性を確認すれば，a．にかかわらず，後打ちコンクリートの圧縮強度が設計基準強度に達する前でも支保工を取り外すことができることとした，具体的な検討方法は，JASS 5 を参照されたい．

d．支保工の存置期間中での支保工の盛替えは，ひび割れなど部材に不具合を生じる可能性がある．したがって，原則として盛替えは行わないこととした．ただし，やむを得ず盛替えを行う必要が生じた場合は，建設省告示 1655 号（型わく及び支柱の取り外しに関する基準）などを参考にして行う．

e．片持梁または片持スラブはたわみやひび割れが生じやすいので，その鉛直荷重を支える支保工の取外しの時期はa．またはb．に従い，c．は適用しないこととした．

6.5　支保工の品質管理・検査

ハーフプレキャスト部材の支保工の品質管理・検査は，10.4 による．

ハーフプレキャスト部材の支保工の品質管理・検査の詳細は，10.4 による．

参 考 文 献

1) 仮設工業会：足場・型枠支保工設計指針，2018
2) 仮設工業会：型枠支保工・足場工事　計画作成参画者研修テキスト，2016
3) 仮設工業会：仮設機材認定基準とその解説，2018
4) 日本建築学会：型枠の設計・施工指針，p. 49, p. 100, 2011
5) 仮設工業会：改訂　風荷重に対する足場の安全技術指針，2016

7章　後打ちコンクリート部分の型枠工事

7.1　総　　則

> a．本章は，後打ちコンクリート部分に使用する型枠の材料，加工，組立ておよび取外しに適用する．
> b．型枠の加工，組立ておよび取外しは，施工計画書に基づいて，施工要領書を作成して行う．

　a．本章は，プレキャスト複合コンクリート工事における後打ちコンクリート部分に使用する型枠の材料，加工，組立ておよび取外しに適用する．後打ちコンクリート部分の型枠工事は，ハーフプレキャスト部材どうしの接合部，ハーフプレキャスト部材と取り合う後打ちコンクリート部分，ハーフプレキャスト部材と周辺の部材との取合い部などで行う．ハーフプレキャスト部材どうしの接合部としては，次のようなものがある．

　　　・柱‒梁 接合部　　・梁‒梁 接合部　　・梁‒床 接合部　　・壁‒床 接合部
　　　・柱‒壁 接合部　　・壁‒壁 接合部　　・梁‒壁 接合部　　・床‒床 接合部

　また，ハーフプレキャスト部材と取り合う後打ちコンクリート部分の型枠がある部位としては，柱，壁などの鉛直部材と梁，床などの水平部材があり，部材の両面，片面あるいは一部に，ハーフプレキャスト部材を型枠の代わりとして使用することも含んでいる．

　なお，型枠はせき板とこれを支持する支保工により成り立つが，ハーフプレキャスト部材の支保工については，6章に示した．これは，プレキャスト複合コンクリート工事においてハーフプレキャスト部材を受ける支保工が，一般の現場打ちコンクリート工事における支保工と比べて，その機能および構造が異なる要素が多く，また種々の工法があるためである．

　b．後打ちコンクリート部分の型枠工事は，設計図書および施工計画書に基づいて，施工要領書と併せて，計画図および工作図を作成して行う．型枠は，一種の仮設物であるが，打ち上がったコンクリートの品質に大きく関係する．したがって，型枠工事は，正確な計画図・工作図に従って行う必要がある．

7.2　型枠の材料・加工・組立て

> a．せき板，支保工，締付け金物などの材料・種類は，JASS 5の9節による．
> b．型枠の加工・組立ては，JASS 5の9節によるほか，下記（1）および（2）による．
> 　（1）　ハーフプレキャスト部材と後打ちコンクリート部分とが同一面上で連続する場合は，その仕上がりが所要の平たんさを満足するように型枠を組み立てる．
> 　（2）　ハーフプレキャスト部材間，ハーフプレキャスト部材と周辺の部材との間およびハーフプレキャスト部材とせき板の間では，セメントペーストまたはモルタルを漏出させるようなすき間やずれなどが生じないように型枠を堅固に組み立てる．

　a．プレキャスト複合コンクリート工事における後打ちコンクリート部分に使用するせき板，支保工，締付け金物などの材料・種類は，JASS 5の9節による．

—108— プレキャスト複合コンクリート施工指針　解説

　型枠は，コンクリート打込み時の荷重，コンクリートの側圧，打込み時の振動・衝撃などに耐え，かつ部材が所定の寸法精度，形状および仕上がり面の平たんさを確保できるように，十分な強度および剛性を有していることが必要である．プレキャスト複合コンクリート工事における後打ちコンクリート部分に使用する型枠についても，これらの性能および品質を有することが必要である．また，その他の性能として，ハーフプレキャスト部材と後打ちコンクリート部分および周辺の部材との取合いとなる部分におけるハーフプレキャスト部材のわずかな変形・移動に対する追従性（なじみ良さ）も必要とされる．プレキャスト複合コンクリート工事における型枠は，一般的に小規模で同一寸法のものが多く，繰り返して転用される場合が多いので，システム化やユニット化により，作業の効率化が図られている．

　ｂ．型枠の加工・組立ては，JASS 5 の 9 節によるほか，ハーフプレキャスト部材との取合いを考慮して行う．

　（1）　JASS 5 の 2 節では，解説表 7.1，7.2 に示すように，構造体の位置および断面寸法の許容差の標準値およびコンクリートの仕上がりの平たんさの標準値が示されている．

解説表 7.1　構造体の位置および断面寸法の許容差の標準値（JASS 5 の 2 節　表 2.1 より）

項　目		許容差（mm）
位　置	設計図に示された位置に対する各部材の位置	±20
構造体および部材の断面寸法	柱・梁・壁の断面寸法	−5，+20
	床スラブ・屋根スラブの厚さ	
	基礎の断面寸法	−10，+50

解説表 7.2　コンクリートの仕上がりの平たんさの標準値（JASS 5 の 2 節　表 2.2 より）

コンクリートの内外装仕上げ	平たんさ（凹凸の差）（mm）
仕上げ厚さが 7 mm 以上の場合，または下地の影響をあまり受けない場合	1 m につき 10 以下
仕上げ厚さが 7 mm 未満の場合，その他かなり良好な平たんさが必要な場合	3 m につき 10 以下
コンクリートが見え掛りとなる場合，または仕上げ厚さがきわめて薄い場合，その他良好な表面状態が必要な場合	3 m につき 7 以下

　プレキャスト複合コンクリート工事における後打ちコンクリート部分の型枠工事では，特に隣接するハーフプレキャスト部材との境界面で，仕上がりの平たんさを確保するとともにすき間や目違いを生じないよう，補助材料を使用して組み立てる．

　柱のハーフプレキャスト部材と梁のハーフプレキャスト部材の接合部に生じる隅角部の型枠の例を解説図 7.1 に示す．複雑な型枠の施工箇所であるため，合板だけでなく，金属製型枠を繰り返して使用する方法も採用されている．

7章 後打ちコンクリート部分の型枠工事 — 109 —

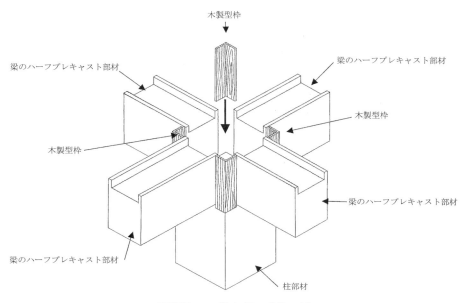

解説図 7.1 隅角部の型枠の例

解説図 7.2 は，柱頭部の型枠の例である．作業を合理化するために，梁部材を吊り込む前に，あらかじめ柱頭部に柱・梁接合部の型枠を取り付けた例もある．この場合，そのすき間を塞ぐ方法も考慮しておかなければならない．

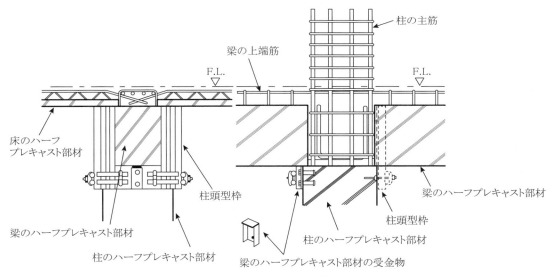

解説図 7.2 柱頭部の型枠の例

解説図 7.3 は，壁の屋外側にハーフプレキャスト部材を用い，屋内側に後打ちコンクリートを打ち込む場合の，屋内側における合板型枠の取付け例を示している．

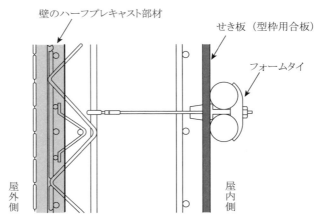

解説図 7.3　壁の屋内側における合板型枠の取付け例

（2）ハーフプレキャスト部材および後打ちコンクリート部分の型枠の組立て後，コンクリート打込み時の荷重などによりハーフプレキャスト部材が変形し，型枠との間にすき間が生じたり，打継ぎ部に目違いが生じたりすると，セメントペーストまたはモルタルが漏出する．このようなセメントペーストまたはモルタルの漏出は，構造的な一体性を欠くことになるので，漏出を防止する対策が必要である．例えば，解説図 7.4 に示すように，床のハーフプレキャスト部材と鉄骨梁や梁の型枠との接点は，セメントペーストまたはモルタルの漏出が生じやすい箇所なので，クッション材やテープを挟むことにより対策を講じなければならない．

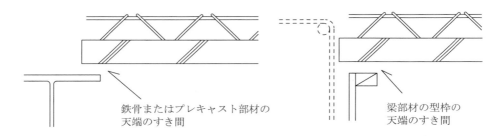

※天井がない場合には，セメントペースト等の漏出防止対策が特に重要である．

解説図 7.4　セメントペーストまたはモルタルの漏出を防止する対策が必要な箇所の例

7.3　型枠の存置期間

> 型枠の存置期間は，JASS 5 の 9 節による．

型枠の存置期間について，JASS 5 の 9 節では，所定の圧縮強度に達したことが確認されるまでとされている．プレキャスト複合コンクリート工事では，一般の現場打ちコンクリート工事と比較して，打ち込まれるコンクリートの量が少なく，型枠の面積も小さいなどの特徴がある．したがって，これらの条件を考慮した上で，後打ちコンクリートの強度管理の方法やその水準について，部

位ごとにあらかじめ検討し，定めておく必要がある．

7.4　型枠の取外し

型枠の取外しは，JASS 5 の 9 節による．

型枠の取外しは，JASS 5 の 9 節によって，コンクリートに損傷を与えないように静かに行う．また，支保工や埋込金物を傷めないように取り扱う．

7.5　型枠の品質管理・検査

型枠の品質管理・検査は，10.5 による．

後打ちコンクリート部分の型枠の品質管理・検査の詳細は，10.5 による．

8章　後打ちコンクリート部分の鉄筋工事

8.1　総　　則

> a．本章は，後打ちコンクリート部分の鉄筋の加工・組立てに適用する．
> b．鉄筋の加工および組立ては，施工計画書に基づいて，施工要領書を作成して行う．

　a．本章は，後打ちコンクリート部分の鉄筋工事，すなわちプレキャスト複合コンクリート部材の一部となる後打ちコンクリート部分と，それに連続する部分の鉄筋の加工および組立てに適用する．

　b．鉄筋の加工および組立てにおいては，所定の精度を確保した配筋を行って，かぶり厚さを確保し，所要の構造性能を得るための継手および定着の計画と施工，接合部補強筋の配筋などが重要である．後打ちコンクリート部分の配筋は，設計図書および施工計画書に基づいて施工要領書と鉄筋施工図を作成して行う．鉄筋施工図には，鉄筋の種類，加工形状，接合部の配筋，組立順序などについても示すようにする．この順序に従って正しい位置に配筋できるようにすることが重要である．

　ハーフプレキャスト部材の接合部では，接合部補強筋の配筋が計画されることがある．接合部補強筋は，ハーフプレキャスト部材間やハーフプレキャスト部材と現場打ちコンクリート部分との接合を確実にするために用いられ，プレキャスト複合コンクリート部材の後打ちコンクリート部分に定着されるのが一般的である．後打ちコンクリート部分における配筋では，ハーフプレキャスト部材とのあきをとってコンクリートの充填性を重視するのか，あるいはハーフプレキャスト部材に近い位置に配置して接合部の離間を抑制することを重視するのかで，配筋位置が異なる．また，後打ちコンクリート部分の鉄筋のかぶり厚さを確保することも必要である．これらの配筋については，設計図書や施工計画書では概要が記されるに留まることも多く，詳細を施工要領書と鉄筋施工図に記して検討した上で施工することが重要である．

8.2　鉄筋の材料および品質

> 鉄筋および溶接金網・鉄筋格子の材料および品質は，JASS 5 の 10 節による．

　後打ちコンクリート部分の鉄筋工事に使用する材料の種類および品質は，JASS 5 の 10 節による．ただし，JASS 5 の 10 節では JIS G 3112（鉄筋コンクリート用棒鋼）に適合する径が 19 mm 以下の丸鋼と D41 以下の異形棒鋼および JIS G 3551（溶接金網及び鉄筋格子）に適合する溶接金網・鉄筋格子を対象としているため，D41 を超える異形棒鋼を使用する場合や高強度鉄筋を使用する場合などについては，設計図書に特記しなければならない．設計図書では，JASS 5 の 10 節，JASS 10 の 5 節または国土交通大臣認定に基づいて使用材料および品質を定めることとなる．

8.3 鉄筋の加工および組立て

> a．鉄筋の加工は，JASS 5 の 10 節による．
> b．鉄筋の組立ては，JASS 5 の 10 節によるほか，下記（1）～（3）による．
> 　（1）鉄筋とハーフプレキャスト部材とのあきは，後打ちコンクリートの粗骨材の最大寸法を考慮して定めた所要の寸法以上とする．また，これらの鉄筋は，ハーフプレキャスト部材に堅固に取り付けるなどにより，コンクリートの打込みの際に移動しないよう固定する．
> 　（2）梁のハーフプレキャスト部材の鉄筋と現場で配筋された鉄筋とを組み立てる場合は，あばら筋などに対して堅固に取り付ける．
> 　（3）かぶり厚さは，2.4 の設計かぶり厚さが確保できるようにする．

　a．鉄筋の加工は，JASS 5 の 10 節によって行う．鉄筋は，鉄筋施工図（組立図，加工図）に従って所定の寸法に切断・加工されたものを使用する．鉄筋の切断にはシヤーカッターを用いるのが一般的であるが，ガス圧接継手，機械式継手，突合せ溶接継手などを適用する場合の鉄筋端部は，切断面の直角度と平滑さが要求されるため，冷間直角切断機を用いた精密切断を行うことを原則とする．鉄筋の加工は冷間加工とし，その加工形状・寸法は鉄筋加工図による．

　b．鉄筋の組立ては，JASS 5 の 10 節によるほか，下記の（1）～（3）に留意して行う．

　（1）後打ちコンクリート部分の鉄筋とハーフプレキャスト部材とのあきは，鉄筋と後打ちコンクリートとの十分な付着を確保できる所要の寸法以上とすることが原則である．一方，後打ちコンクリート部分に配置される接合部補強筋では，ハーフプレキャスト部材の接合部が離間することを抑えるために，あえてハーフプレキャスト部材に近接して配筋することもある．後打ちコンクリート部分の鉄筋とハーフプレキャスト部材とのあきを一律に規定することは困難であるが，一般には，設計図書に指定がない場合は，JASS 10 の 3.4c を参考にして，後打ちコンクリートの粗骨材の最大寸法の 1.25 倍以上にするとよい．解説図 8.1 に，ハーフプレキャスト部材とのあき寸法を確保するためのスペーサの例を示す．

解説図 8.1　ハーフプレキャスト部材とのあき寸法確保のためのスペーサの例

　（2）梁部材では，ハーフプレキャスト部材を組み立てた後，上端筋を現場で配筋することが多い．この上端筋は，ハーフプレキャスト部材に埋め込まれて上部が露出しているあばら筋の下をくぐらせながら挿入して配筋する場合と，コの字型のあばら筋（キャップタイ）を上端筋の上に被せて，ハーフプレキャスト部材にあらかじめ配筋してあるフック付きのあばら筋と合わせて組み立てる場合がある．いずれの場合でも，部材の構造性能を左右する上端筋の位置は，あばら筋で確保することとなるため，上端筋およびキャップタイは，ハーフプレキャスト部材に埋め込まれたあばら

筋などに対して堅固に取り付ける必要がある．

（3） かぶり厚さは，2.4の設計かぶり厚さが確保されるようにする．

8.4 接合部補強筋

> a．ハーフプレキャスト部材間およびハーフプレキャスト部材と周辺の部材との接合部には，構造上の一体性を確保するために，必要に応じて接合部補強筋を配置する．
> b．接合部補強筋の定着長さは，JASS 5 の10節による．

a．接合部における配筋は，プレキャスト複合コンクリート部材としての性能を得るために重要であり，設計図書に示された所要の性能が確保できるように，配筋方法の詳細を鉄筋施工図に記載しておく必要がある．鉄筋どうしの間隔およびかぶり厚さは，コンクリートが密実に充填され，十分な付着力が得られることを考慮して定めなければならない．

ハーフプレキャスト部材間およびハーフプレキャスト部材と周辺部材との接合部では，応力が確実に伝達されるように，必要に応じて接合部補強筋を配置する．接合部補強筋の配置方法は鉄筋施工図に明確に示しておき，確実に施工されるようにする必要がある．

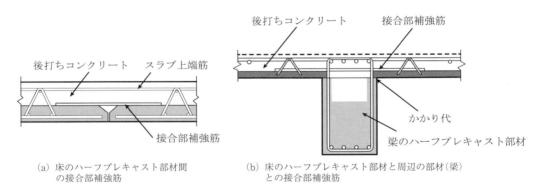

解説図 8.2 接合部補強筋の配置の例

b．接合部補強筋の性能を発揮できるように，その定着長さはJASS 5 の10節によることを原則とする．ただし，本会「現場打ち同等型プレキャスト鉄筋コンクリート構造設計指針（案）・同解説」[1]に示されているように，ダウエル作用によりせん断力を伝達させる場合には，定着長さを鉄筋径の8倍以上と，JASS 5 の10節の規定よりも小さく設定することもできる．このように，JASS 5 の10節の規定と異なる定着長さを採用する場合は，設計図書との整合を確認した上で，鉄筋施工図などを作成する．

8章　後打ちコンクリート部分の鉄筋工事　— 115 —

8.5　鉄筋工事の品質管理・検査

後打ちコンクリート部分の鉄筋工事の品質管理・検査は，10.6 による．

後打ちコンクリート部分の鉄筋工事の品質管理・検査の詳細は，10.6 による．

参 考 文 献

1)　日本建築学会：現場打ち同等型プレキャスト鉄筋コンクリート構造設計指針（案）・同解説，2002

9章　後打ちコンクリート工事

9.1　総　　則

> a．本章は，後打ちコンクリートの種類，材料，調合，発注・製造・受入れ，運搬・打込み・締固めおよび養生に適用する．
> b．後打ちコンクリートは，施工計画書に基づいて，施工要領書を作成して施工する．
> c．後打ちコンクリートは，ハーフプレキャスト部材と十分な一体性が確保されるように施工する．
> d．後打ちコンクリートは，充填性を十分検討してから施工する．ハーフプレキャスト部材を構造体および部材の断面の両側に用いる場合には，施工前に充填性の試験などを行って，後打ちコンクリートの充填性を確認する．

　a．本章は，後打ちコンクリートの種類，材料，調合，発注・製造・受入れ，運搬・打込み・締固めおよび養生に適用する．本章に規定のない事項は，JASS 5の4～8節の規定による．また，使用材料，施工条件および要求性能によって寒中コンクリート，暑中コンクリート，軽量コンクリート，流動化コンクリート，高流動コンクリート，高強度コンクリート，海水の作用を受けるコンクリートおよび凍結融解作用を受けるコンクリートとする場合は，JASS 5の各節を適用する．なお，JASS 5に定義されているように，「運搬」には，レディーミクストコンクリート工場から施工現場の荷卸し地点までの運搬（場外運搬）と，荷卸し地点から打込み地点までの運搬（場内運搬）の両方が含まれる．

　b．施工者は，施工計画書に基づいて，コンクリートの施工現場までの運搬方法・時間，受入れ時の検査，施工現場内での運搬方法，打込み手順，締固め方法，養生方法，仕上げ方法などに関する施工要領書を作成し，事前に施工管理者を含めた作業者全員に周知徹底する．また，打込み前には人員配置や役割分担が施工要領書どおり適切に行われているか再確認する．

　c．プレキャスト複合コンクリート工事で特に重要なことは，ハーフプレキャスト部材との接合面での後打ちコンクリートの強度が十分であり，一体性が確保されることである．このため，施工者は，施工現場内での運搬，打込み，締固めおよび養生の実施について，特に入念な検討をしておかなければならない．

　d．本指針では，ハーフプレキャスト部材を構造体および部材の断面の片側のみに用いることを推奨している．それは，脱型時にコンクリートの品質が目視で確認でき，部材内の豆板，コールドジョイントなどが後打ちコンクリート側から検査可能なためである．また，ハーフプレキャスト部材の接合面における後打ちコンクリートの品質も，ある程度確認することができる．一方，構造体および部材の断面の両側または全周にハーフプレキャスト部材を用いる場合には，打ち上がった後打ちコンクリートの品質が目視で確認できないので，より入念に締固めを行う必要がある．このためには，棒形振動機が十分に挿入できるスペースを有することを原則とし，あらかじめその部位を想定した施工実験などを行い，充填性および一体性を十分検討してから施工する．なお，実施工時

には，充填性を検知できるセンサーを配置し，随時充填性を確認しながら，適度に振動締固めを行うなどの対策も効果的である．

9.2 後打ちコンクリートの種類・材料および調合

> a．コンクリートの種類は，2.4の条件を満足するものとし，JASS 5の3節による．
> b．コンクリートの材料は，JASS 5の4節による．
> c．コンクリートの調合は，2.4の条件を満足するものとしJASS 5の5節による．

a．後打ちコンクリートに使用するコンクリートは，2.4に示した性能・品質が得られるものとし，使用骨材による種類は，普通コンクリート，軽量コンクリート1種および軽量コンクリート2種とする．また，後打ちコンクリートの使用材料，施工条件および要求性能などによる種類は，適用箇所を考慮してJASS 5の12～30節に示す特殊コンクリートのうち，寒中コンクリート，暑中コンクリート，軽量コンクリート，流動化コンクリート，高流動コンクリート，高強度コンクリート，凍結融解作用を受けるコンクリートおよび海水の作用を受けるコンクリートとする．

b．後打ちコンクリートに使用する材料は，JASS 5の4節による．

（1） セメントは，JIS R 5210（ポルトランドセメント），JIS R 5211（高炉セメント），JIS R 5212（シリカセメント），JIS R 5213（フライアッシュセメント）に適合するものとする．

（2） 骨材は，JASS 5の4節に定められている骨材を使用するものとする．普通骨材の粗骨材の最大寸法は，砂利の場合は25 mm，砕石の場合は20 mmが一般的であるが，プレキャスト複合コンクリート工事の後打ちコンクリートは，狭い箇所に打ち込まれることが多く，小さめの粗骨材を使用するほうが，充填性が良好になる場合がある．また，軽量骨材はJASS 5の14節に示されているように，JIS A 5002（構造用軽量コンクリート骨材）の規定に適合する人工軽量骨材とする．なお，その最大寸法は15 mmである．

c．後打ちコンクリートの調合は，2.4に示した品質を満足するものとし，その調合方法はJASS 5の5節によるものとするが，特に次の事項に留意する必要がある．

後打ちコンクリートは，狭い箇所に打ち込まれることが多く，充填性およびハーフプレキャスト部材との一体性を確保する必要があることから，所要のワーカビリティーが得られるコンクリートを使用する．

普通コンクリートでは，JASS 5の3節に規定されているように，品質基準強度が33 N/mm² 未満の場合はスランプ18 cm 以下，33 N/mm² 以上の場合はスランプ21 cm 以下とする．軽量コンクリートでは，JASS 5の14節に規定されているように，スランプ21 cm 以下とする．流動化コンクリートは，JASS 5の15節に規定されているように，スランプ21 cm 以下とする．ただし，調合管理強度が33 N/mm² 以上の場合は，材料分離を生じない範囲でスランプ23 cm 以下とすることができる．高流動コンクリートは，JASS 5の16節に規定されているように，スランプフロー55 cm 以上，65 cm 以下とする．高強度コンクリートでは，JASS 5の17節に規定されているように，設計基準強度が45 N/mm² 未満の場合は，スランプ21 cm 以下またはスランプフロー50 cm 以下，設計基準強度が45 N/mm² 以上，60 N/mm² 以下の場合は，スランプ23 cm 以下またはスランプ

―118― プレキャスト複合コンクリート施工指針　解説

フロー 60 cm 以下を標準とする.

また，単位セメント量の最小値は 300 kg/m³ 以上とするのが望ましい.

9.3　後打ちコンクリートの発注・製造および受入れ

> a．コンクリートには JIS A 5308（レディーミクストコンクリート）の規定に適合するレディーミクストコンク
> リートを使用することを原則とする．JIS A 5308 の規定に適合しない高流動コンクリート，高強度コンクリー
> トなどを使用する場合は，建築基準法第 37 条第二号に基づいて国土交通大臣の認定を取得したレディーミク
> ストコンクリートを使用する.
> b．コンクリートは，十分な充填性が得られるように，必要により試し練りを行って流動性などを確認する．ま
> た，必要に応じて，流動化コンクリートあるいは高流動コンクリートを使用する.
> c．レディーミクストコンクリート工場の選定，発注，製造，レディーミクストコンクリート工場から荷卸し地
> 点までの運搬および受入れは，JASS 5 の 6 節による.

a．後打ちコンクリートに求められる性能・品質は，基本的には一般の現場打ちコンクリート工
事の場合と同じである．原則として，使用するコンクリートは，JIS A 5308（レディーミクストコ
ンクリート）の規定に適合するレディーミクストコンクリートとし，JASS 5 の 5 節に規定された
調合管理強度を満足する呼び強度を指定して発注する.

建築基準法第 37 条（建築材料の品質）が 2000 年（平成 12 年）6 月 1 日に施行されたことによ
り，JIS A 5308 に適合しない範囲のコンクリートを使用する場合は，国土交通大臣の認定を取得す
る必要があり，高流動コンクリートや高強度コンクリートなどを使用する場合は，特に注意が必要
である.

また，後打ちコンクリートを施工現場で製造する場合は，JIS A 5308 の製造方法の規定に適合す
る製造設備により製造する.

b．後打ちコンクリートの発注では，プレキャスト複合コンクリートにおけるハーフプレキャス
ト部材との一体性を確保するため，JIS 適合品の場合は，製造工場とレディーミクストコンクリー
トの「種類」について事前に協議し，スランプ，スランプフロー，単位水量などの必要な事項を指
定する．また，必要な流動性が得られるように，化学混和剤や練上がり温度について試し練りを行
うなどして，コンクリートの品質を検討する．プレキャスト複合コンクリート工事における後打ち
コンクリートは，壁部材などでは打込み厚さが小さい場合が多く，十分な流動性を有するコンクリー
トを選定する必要がある．場合によっては，振動締固めを低減できる流動性の高い流動化コンク
リート，高流動コンクリートなどの適用を検討する．コンクリートのブリーディングは，レディー
ミクストコンクリートの JIS 適合品を選定すれば一般に問題になることは少ないが，狭い部材間や
厚さが小さい部材に後打ちコンクリートを充填する目的で，スランプが大きめのコンクリートを使
用すると，ブリーディングが多くなることがあるので，注意が必要である．試し練り段階からブリー
ディングが少ないコンクリートを選定するためには，高性能 AE 減水剤を使用して単位水量を低
減する，あるいは一般にブリーディングが少ない調合が得られる高流動コンクリートを検討する.

c．レディーミクストコンクリート工場の選定，発注，製造，レディーミクストコンクリート工
場から荷卸し地点までの運搬および受入れは，JASS 5 の 6 節により行う．後打ちコンクリートは，

一般の現場打ちコンクリートに比べて打込み量が少なく，また，入念な打込みおよび締固めが必要である．このため，1回あたりの受入れ量をなるべく少なくするとともに，受入検査における検査ロットを小さくして，品質検査の頻度を多くすることが望ましい．

9.4　後打ちコンクリートの運搬・打込みおよび締固め

a．コンクリートの施工現場内での運搬は，JASS 5 の 7 節による．

b．コンクリートの打込みは，プレキャスト複合コンクリート部材の所要の性能が確保されるように，ハーフプレキャスト部材の形状，打ち込む部位の状況および打込み条件に応じて，隅々まで充填され，密実なコンクリートが得られる方法を採用する．

c．コンクリートは，下記（1）～（3）に従って打込み準備を行う．

（1）　ハーフプレキャスト部材の下部およびハーフプレキャスト部材と周辺部材との接合部などからセメントペーストまたはモルタルを漏出させないように，テープやガスケットなどでシールする．

（2）　運搬・打込みおよび締固めに用いる機器・用具・電源などは，打込み方法に適したものを選定する．

（3）　コンクリートの打込みに先立って，ハーフプレキャスト部材の接合面を清掃し，異物や雨水などの有害物を取り除き，ハーフプレキャスト部材の接合面，せき板の表面およびコンクリート打継ぎ部分に散水して湿潤状態にする．

d．コンクリートの打込み・締固めは，JASS 5 の 7 節によるほか，下記（1）～（7）によって行う．

（1）　鉛直部材と水平部材を一体で打ち込む場合は，梁下で一旦打ち止める．鉛直部材に打ち込んだコンクリートの沈降が終了した後に，水平部材のコンクリートを打ち込む．

（2）　コンクリートの一回の打込み区画，打込み高さおよび打込み量は，ハーフプレキャスト部材の接合面の凹凸や配筋状況を考慮して，コンクリートを密実かつ均質に充填できる範囲とする．

（3）　コンクリートの自由落下高さおよび水平移動距離は，JASS 5 の 7 節による．

（4）　打重ね時間間隔は，JASS 5 の 7 節による．

（5）　ハーフプレキャスト部材の上部にコンクリートを打ち込む場合は，接合部補強筋が移動しないように留意するとともに，トラス筋などの接合面補強筋やコッターなどの隅々にコンクリートが行き渡るように入念に打ち込む．

（6）　柱・梁部材の交差部分は，小型棒形振動機を用いるなどして，隅々までコンクリートが行き渡るように打ち込む．

（7）　ハーフプレキャスト部材を上側に取り付けて，その下部にコンクリートを打ち込む場合は，振動機で十分に締め固めて，気泡を除去する．

　　a．プレキャスト複合コンクリート工事では，コンクリートの施工現場内での運搬方法として，バケットによる方法，コンクリートポンプによる方法などが用いられる．解説写真 9.1 にバケットによる運搬・打込み状況，解説写真 9.2 にコンクリートポンプによる運搬・打込み状況をそれぞれ示す．

　　プレキャスト複合コンクリートにおいて，後打ちコンクリートは，ハーフプレキャスト部材以外の残された部分に打ち込む関係上，打込み量はそれほど多くない．また，柱部材などの鉛直部材と，梁・床部材などの水平部材のコンクリートを分けて打ち込む VH 分離打ち工法〔解説図 9.1 参照〕を採用すると，後打ちコンクリートの 1 回あたりの打込み量はさらに少なくなる．加えて，後打ちコンクリートは，比較的狭い部分に密実に充填され，かつハーフプレキャスト部材の移動，変形，ひび割れが生じないように安全に打ち込む必要があるため，打込み速度が過大にならないようにしなければならない．これらの理由から，施工現場内でのコンクリート運搬に，解説写真 9.1 に示すバケットを用い，ゆっくりとコンクリートを打ち込む工法が有利な場合も多い．状況に応じ

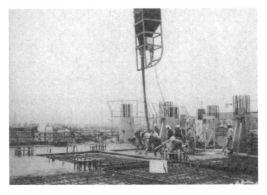

解説写真 9.1　バケットによるコンクリートの運搬・打込み

解説写真 9.2　コンクリートポンプによるコンクリートの運搬・打込み

て，高速で多量な打込みが可能なコンクリートポンプ工法，少量をゆっくりと打ち込むバケット工法などを使い分けるとよい．なお，コンクリートポンプ工法を採用する場合は，本会「コンクリートポンプ施工指針・同解説」を参照するとよい．

　b．VH分離打ち工法を採用する場合は，鉛直部材の打込みと水平部材の打込みに分けて，コンクリートの打込みが行われる．また，コンクリート打込み後に一体性を確認することは容易でないため，構造体または部材の断面の両側または全周にハーフプレキャスト部材を用いる場合は，事前に充填性の確認試験などを行うことを原則とする．

　コンクリートの打込みは，安全に十分配慮するとともに，ハーフプレキャスト部材の強度や剛性などを考慮して，ハーフプレキャスト部材に有害なひび割れおよび変形が起きないように配慮することが必要である．

　c．（1）　プレキャスト複合コンクリートでは，解説写真 9.3 に示すように，ハーフプレキャスト部材どうしの接合部からセメントペーストなどが漏れやすい．セメントペーストなどの漏れが発生した場合は，打ち込まれた後打ちコンクリートからセメントペーストが失われて流動性が低下

9章 後打ちコンクリート工事 —121—

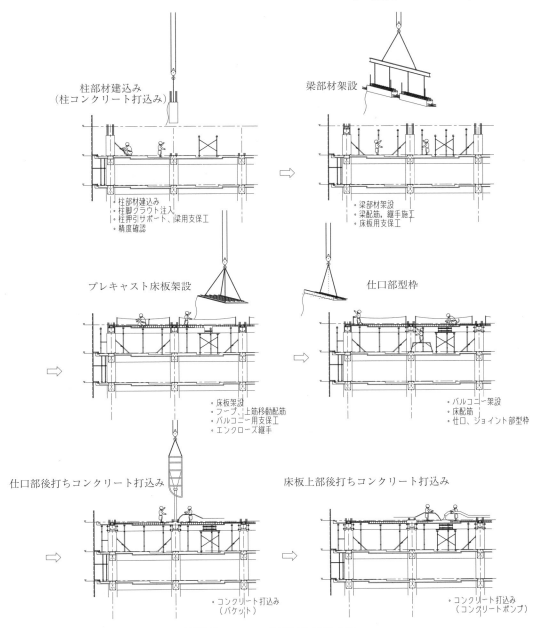

解説図 9.1 VH 分離打ち工法の例

し，豆板が生じやすい．また，漏れたセメントペーストでハーフプレキャスト部材の表面を汚し，美観を損ねるほか，その後の仕上げに支障をきたす場合があるので，コンクリートが硬化する前，ただちに洗浄する必要が生じる．

　セメントペーストなどの漏れを防ぐには，ハーフプレキャスト部材どうしの接合部の組立精度の確保が重要である．また，接合部にガスケットなどでシールを行う場合がある．この場合は，鉄筋

解説写真 9.3　梁と床のハーフプレキャスト部材間の接合部からのセメントペーストの漏れ

に対するかぶり厚さが目地底で規定されるので，その設置方法や厚さには十分な検討が必要である．

　柱部材の型枠では，角型枠の取付け，接合部の開き止め金物の管理が重要であり，柱・壁のハーフプレキャスト部材では，下部からセメントペーストなどが漏れないように，根巻き木材の設置や建て方階のコンクリートレベル精度が重要な管理ポイントになる．梁部材の貫通孔まわりでセメントペーストなどが漏れた場合は，型枠解体後に貫通孔内のコンクリートを除去し，清掃する必要がある．床のハーフプレキャスト部材では，梁部材との接合部からセメントペーストなどが漏れることがある．その他，床のハーフプレキャスト部材の製造時やストック時に反りやゆがみが発生すると，梁部材との接合部に大きなすき間が生じることがあるので，注意が必要である．

　（2）　後打ちコンクリートの打込みや締固めに使用する機器・用具は，事前に準備し，使用前までに試験運転を行っておく．仮設上水・電源など不可欠な施設についても，事前に確認し，点検しておく．棒形振動機などにコンバーター電源を使用する場合は，その準備とともに振動性能を確認しておく．

　後打ちコンクリートの締固めに棒形振動機を使用する場合は，あらかじめ機種・棒径，挿入位置・深さ・間隔・時間などの方法を定めて，十分な締固めが行われるようにする．部材厚が小さい場合には，細径の棒形振動機を使用することが多いので，それに対応できる台数を準備しておく．細径の場合は，直接 100 V の電源を必要とするため，事前に電気容量のチェックが必要である．

　また，公称棒径 25 mm の電棒タイプの棒形振動機を使用する場合，振動部の長さが 600〜800 mm となっているので，各層の打込み厚さはそれ以下とする．各層の打込み厚さが大きい場合は，外部ホースの長さが 4〜6 m である公称直径 30 mm，40 mm および 45 mm のフレキタイプの棒形振動機を選定する．

　バケットなどを使用する場合は，揚重のためのフックの強度，コンクリート排出口の開閉，これ

9章　後打ちコンクリート工事　—123—

に接続するホースなどの緊結，安全装置あるいはバケット内部の異物やごみの清掃などの点検が必要である．

（3）　ハーフプレキャスト部材との接合面でせん断力を負担する場合には，構造的一体性を得るため，接合面補強筋のほか，コッターとしての凹凸形状などが設けられる．一方で，このような表面形状により，ハーフプレキャスト部材の運搬時やストック時に，ほこりや異物が付着しやすくなる．後打ちコンクリートを打ち込む前には，これらのほこりや異物を完全に取り除かなければならない．そのため，後打ちコンクリートの打込みに先立ち，ブロワ，高圧洗浄機またはワイヤーブラシなどを使って，接合面のほこり，油，レイタンス，セメントペースト，雨水，雪などの有害物を必ず除去する．このように接合面の構造的一体性を得るためには，ハーフプレキャスト部材の接合面の清掃に加えて，後打ちコンクリートの材料，打込み・締固め，養生に関する品質管理が必要である．

ハーフプレキャスト部材の接合面，せき板の表面およびコンクリート打継ぎ面が乾燥していると，その面からの吸水により，後打ちコンクリートが硬化初期にドライアウトを起こし，部分的に流動性が悪くなり，豆板などを生じさせ，構造体の強度や耐久性に悪い影響を与える．特に，夏期の打込みにおいては，急激な水分の蒸発や吸水が起こりやすく，接合面やせき板表面での後打ちコンクリートのドライアウトが生じやすいことに注意しなければならない．また，冬期においても，ハーフプレキャスト部材の接合面が乾燥していることが多く，同様な注意が必要である．したがって，ハーフプレキャスト部材の接合面，せき板の表面および打継ぎ面には適度な散水を行い，湿潤状態にしておくことが重要である．その際，霧状に調整できる散水装置を備えることが望ましい．過度の散水は，逆に後打ちコンクリートの付着を妨げるおそれがあるので注意が必要である．また，冬期においては，散水した水が凍結しないようにすることが重要である．残留水は，必ずコンクリート打込み前に取り除かなければならない．

ハーフプレキャスト部材どうしの接合部では，成形材料のガスケットやバッカーまたは不成形材料のシーリングを使って止水処理する場合があるが，これらによって水が抜けにくくなるため，水抜きの納まりを検討し，コンクリート打込み前に水を抜く処置を行っておくことが必要である．

d．（1）　一般の現場打ちコンクリート工事では，柱・壁部材などの鉛直部材と梁・床部材などの水平部材にコンクリートを同時に打ち込むことが多い．しかし，プレキャスト複合コンクリート工事では，複雑な形状による狭い空間，目地，接合面補強筋あるいは凹凸のコッターがあるため，同時打込みではコンクリートの充填性が不十分になりやすい．したがって，まず鉛直部材のコンクリートを打ち込み，その後，水平部材の組立てと後打ちコンクリートの打込みを行う分離打ち（VH分離打ち工法）が望ましい．一方，鉛直部材と水平部材を一体で打ち込む場合は，梁下で一旦打ち止め，柱部材および壁部材に打ち込んだコンクリートの沈降が終了した後に，梁部材および床部材のコンクリートを打ち込むようにする．

（2）　後打ちコンクリートの一回の打込み区画を定め，打込み高さと打込み速度は，ハーフプレキャスト部材の凹凸や配筋状況を考慮して十分に締固めできる範囲とする．また，後打ちコンクリートが鉄筋まわりやハーフプレキャスト部材の隅々まで行き渡ったことを確認してから，次の打込

みを行うようにする.

一般の現場打ちコンクリート工事と同様に，後打ちコンクリートの打込みは，骨材の分離，豆板，コールドジョイントなどが発生しないように行うことが重要である．ハーフプレキャスト部材の接合部や接合面では，骨材の分離，有害な空隙，未充填部などの欠陥が発生しやすく，構造上，防水上および遮音上の弱点となりやすい．また，この欠陥部の補修は困難なことが多いため，一般の現場打ちコンクリート工事より注意深く施工しなければならない．特に充填性が阻害されやすい部位の多い打込みには，流動性を高めた流動化コンクリートや高流動コンクリートの適用も検討すべきである．

後打ちコンクリートの打込みにおいて，ハーフプレキャスト部材との一体性を確実にするため，JASS 5 の 7 節に規定されているコンクリートの打込みの方法を，忠実に実施することが肝要である．ただし，コンクリートポンプ工法の場合，JASS 5 の 7 節では $20 \sim 30 \, \text{m}^3/\text{h}$ の打込み速度が目安とされているが，プレキャスト複合コンクリート工事の場合の打込み速度は，この数値にとらわれず，接合面での充填性を確認しながら，十分な締固めができる打込み速度とする．

柱，壁などの鉛直部材の打込み手順は，1 回の打込み高さを 60 cm 程度とし，振動機によりその都度内部の空隙を除去しながら，できるだけ上面が水平になるように均等に打ち込む．打込みが不均等だと，ハーフプレキャスト部材の目違いや移動を起こしやすくなる．でき上がり精度を維持するためには，一部への集中した打込みを避けなければならない．打込みではハーフプレキャスト部材の位置精度と配筋精度を維持し，支保工に過度な負担がかからないようにする．

ハーフプレキャスト部材どうしの接合部では，接合部補強筋が密に配筋されており，後打ちコンクリートの打込みスペースが狭くなっていることが多いので，豆板が発生しやすい．また，柱・梁接合部の主筋継手部分や帯筋が多い箇所，VH 分離打ち工法における柱頭やハーフプレキャスト部材の柱脚の接合面などは，構造的に一体化させなければならない重要な部位であることから，豆板を発生させてはならない．機械式継手が採用されている箇所のかぶり部分は，特に注意が必要である．

接合面での構造的一体性を満足するためには，締固めが非常に重要である．綿密な施工計画を立て，作業員へ内容の周知を図り，慎重に施工しなければならない．壁部材などの鉛直部材の接合面で棒形振動機が挿入できずに締固めが困難な箇所には，突き棒を併用するなどの工夫や細径の棒形振動機を使用するなどの方法を事前に検討する．解説写真 9.4 は，柱部材への打込み高さを 3.2 m とした実験で，締固めが不十分であった場合の事例を示している．柱部材の内部の四隅に豆板が発生していることがわかる．このようなことが生じないようにするためにも，確実な締固めを計画・実施しなければならない．

構造体および部材の断面の両側または全周がハーフプレキャスト部材になる場合には，棒形振動機が 60 cm 以下の間隔で挿入できるスペースを確保するようにし，また 60 cm 程度の打込み高さごとに，上部から目視で確認しながらコンクリートを打ち込むなどの対応が必要になる．なお，確認が困難になると予想される部位では，硬化後に非破壊検査を行うなどの対応を実施し，接合面の品質を確保する．コンクリート打込み後，充填性を直接確認することができない場合は，充填性に

解説写真 9.4 締固め不十分により発生した柱のハーフプレキャスト部材裏面の豆板

優れた流動化コンクリートや高流動コンクリートを適用することが望ましく，あらかじめその部位を想定した施工実験を行って充填性を確認してから施工するようにする．計画段階から打込み手順や締固め方法を検討することによって，確実な施工を行って，接合面での欠陥の発生を防止し，接合面の品質を保証することが重要である．

（3）自由落下高さは，コンクリートの材料分離を防ぐために，できるだけ小さくする．打込み高さが高い柱部材や壁部材などの鉛直部材では，コンクリートが鉄筋に衝突し，配筋が乱れたり，スペーサなどが外れたりするおそれがある．この場合は，たて型シュートや打込み用ホースを接続して自由落下高さを小さくする，型枠の中間部に打込みのための開口部を設けるなどして，コンクリートの材料分離を防止する．

鉛直部材のコンクリート打込み口は，3m間隔以内ごとに設け，後打ちコンクリートの上面にできるだけ勾配ができないように打ち込む．また，階高の高い柱部材や壁部材については，計画段階からコンクリート打込み口を型枠内の適切な高さに設けて，コンクリートの上面が平均した高さになるようにする．打込み部分の厚さが小さい場合，コンクリートポンプ工法では，細径のトレミー管をその部位に事前に設置する方法などを講じる．また，バケット工法では，サニーホースなどの投入ホースを打込み部位に降ろして，自由落下高さを小さくし，上面の勾配を小さくして打ち込む．

（4）コールドジョイントを防止するためには，打重ね時間間隔を厳守する．ハーフプレキャスト部材と後打ちコンクリートの一体性を確実なものとするためには，コールドジョイントの防止が重要であり，一般的には，外気温が25℃未満の場合は150分，25℃以上の場合は120分を目安とし，先に打ち込んだコンクリートの再振動可能時間以内とする．

（5）梁部材の後打ちコンクリートを床部材側から流し込むと，床のハーフプレキャスト部材には接合部補強筋などが配置されているため，これらが移動したり，トラス筋などにコンクリートが詰まったりして，充填不良が生じやすいため，打込み手順や打込み方法を十分に検討する．梁部材

— 126 —　プレキャスト複合コンクリート施工指針　解説

の仕口のコッターやハーフプレキャスト部材に特有の補強筋がある部分については，付着が低下しないように締固めを十分に行わなくてはならない．また，棒形振動機とタンピングを併用して，ハーフプレキャスト部材と後打ちコンクリートとの接合面の一体性が確保されるように慎重に打ち込む．床のハーフプレキャスト部材の上に後打ちコンクリートを打ち込む場合には，トラス筋などを考慮して締固めを確実に行う必要があるため，振動機による締固めを行う前に，一度に厚く打ち込んではならない．

（6）　プレキャスト複合コンクリート工事では，特に柱・梁交差部分などで狭い空間に鉄筋が輻輳していることが多く，棒形振動機の挿入箇所も限定される．さらに，ハーフプレキャスト部材の移動を防止するために，たたきや型枠振動機が使用できない場合もある．このため，事前に棒形振動機の機種・棒径，挿入位置・深さ・間隔および加振時間を計画して，確実に打込み・締固めを行う．また，鉛直部材の部位によっては，棒形振動機が挿入できない箇所や届かない場合があるが，その際には，突き棒などを併用して確実に締固めを行う必要がある．その他，構造的に重要な部位である柱・梁接合部の底部や四隅または梁のハーフプレキャスト部材の接合面などで，鉄筋が輻輳して棒形振動機の先端が届きにくい場合があるが，小型棒形振動機を用いるなどして，隅々までコンクリートが行き渡るようにする．

（7）　ハーフプレキャスト部材を上側に取り付けて，その下部に後打ちコンクリートを打ち込む場合では，接合面に気泡が滞留して，接合面の構造的な一体性を損ねる場合がある．例えば，斜線制限などのセットバック部分に取り付ける外壁のハーフプレキャスト部材のように，後打ちコンクリートとの打込み位置の関係で，上側にハーフプレキャスト部材が設置されるような場合には，接合面に気泡が残留することがあり，注意が必要である．その他の例として，解説図9.2に示すように，まぐさ付きのハーフプレキャスト部材の上部の裏面などに気泡が滞留しやすいので，注意が必要である．このようにハーフプレキャスト部材が後打ちコンクリートの蓋になるような形状では，気泡の逃げ道を設けて空気を抜き，接合面の一体性を確保しなければならない．計画段階からハーフプレキャスト部材の形状自体が空隙を生じやすいものは，締固めが十分行われるように部材形状を再検討し，気泡を滞留しにくいものにしなければならない．加えて，入念な打込みおよび締固めを行うことによって，気泡を除去しなければならない．

9.5　コンクリートの仕上げおよび養生

> a．コンクリートの上面の仕上げおよび養生は，それぞれJASS 5の7節およびJASS 5の8節による．
> b．コンクリートは，打込み終了直後から十分に硬化するまでの間，湿潤養生を行う．特に，養生中は，急激な乾燥，過度の高温や低温，急激な温度変化，有害な振動や外力を与えないようにする．

a．後打ちコンクリートの打込み後の仕上げは，JASS 5の7節に規定されているように，所要の精度が得られるように平らにならしを行い，さらに，JASS 5の2節の表2.2の仕上がりの平たんさの標準値を満足させるようにしなければならない．上面にプラスチック収縮ひび割れやコンクリートの沈降によるひび割れが発生した場合は，JASS 5の7節により，凝結終了前にタンピングなどにより処理しておく．また，養生は，基本的にJASS 5の8節による．

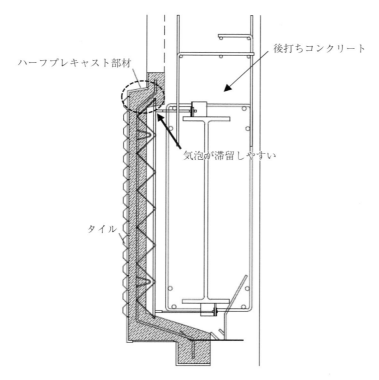

解説図 9.2 ハーフプレキャスト部材の裏面で未充填部や欠陥が生じやすい箇所の例

b．後打ちコンクリートは，打込み量が少なく，また，打込み部分の断面が小さい場合が多い．このため，特に夏期では，急激な乾燥によって乾燥収縮ひび割れが発生するおそれがある．そこで，後打ちコンクリートの打込み後は，散水，シート養生，養生剤の散布などにより，十分な湿潤養生を行わなければならない．

冬期では，後打ちコンクリートが凝結中または硬化の初期段階において初期凍害を受けるおそれがあり，適切な保温養生を行うなどの対策が必要である．

9.6 コンクリートの品質管理および検査

> コンクリートの品質管理・検査は，10.7 による．

後打ちコンクリートの品質管理・検査の詳細は，10.7 による．

10章　プレキャスト複合コンクリートの品質管理・検査

10.1　総　　則

> a．本章は，ハーフプレキャスト部材の製造，受入れ，組立て・接合，支保工工事，後打ちコンクリート部分の型枠工事，鉄筋工事，後打ちコンクリート工事およびプレキャスト複合コンクリート部材の品質管理・検査に適用する．
> b．品質管理のために行う試験・検査の結果は，報告書としてまとめ，工事監理者の承認を受ける．
> c．検査において不合格となった場合の措置については，工事監理者とあらかじめ定めておく．

　　a．本章は，プレキャスト複合コンクリート工事の品質管理・検査に適用する．プレキャスト複合コンクリート工事における品質管理・検査は，下記の項目を対象とする．本指針における品質管理・検査の方針は，JASS 5 および JASS 10 と同様の管理を行う項目に関してはそれに倣うこととし，プレキャスト複合コンクリート工事に必要な項目としてさらに留意すべき点，およびそれらと異なる点については，管理内容の追加および変更を行った．なお，1章に述べたように，ハーフプレキャスト部材に関する品質管理・検査については JASS 10，後打ちコンクリート部分に関する品質管理・検査については JASS 5 による．

（1）　ハーフプレキャスト部材の製造

（2）　ハーフプレキャスト部材の受入れおよび組立て・接合

（3）　ハーフプレキャスト部材の支保工工事

（4）　後打ちコンクリート部分の型枠工事

（5）　後打ちコンクリート部分の鉄筋工事

（6）　後打ちコンクリート工事

（7）　プレキャスト複合コンクリート部材

　　b，c．JASS 5 および JASS 10 における鉄筋コンクリート工事の管理は，プロセス管理を前提としており，施工の各段階で適切な管理を行い，それらをとりまとめて工事監理者の承認を受けることが必要である．検査において不合格となった場合の措置については，工事監理者とあらかじめ定めておく．

10.2　ハーフプレキャスト部材の製造の品質管理・検査

> a．ハーフプレキャスト部材の材料および部品の試験・検査は，JASS 10 の 13 節による．
> b．接合面補強筋としてのトラス筋は，所要の性能を有することを確認する．
> c．ハーフプレキャスト部材の製造前および製造工程中の検査は，JASS 10 の 13 節による．
> d．ハーフプレキャスト部材の製品検査は，表 10.1 による．

10 章　プレキャスト複合コンクリートの品質管理・検査　— 129 —

表 10.1　ハーフプレキャスト部材の製品検査

項　目	試験・検査方法	時期・回数	判定基準
形状・寸法	スチールテープ，スケール，水糸などによる実測	随時	設計図書で定められた範囲内の値であること
ひび割れ	クラックスケールなどによる実測	全数	有害なひび割れがないこと
破損	目視	全数	有害な破損がないこと
配筋状態	ハーフプレキャスト部材製造図との照合および目視	全数	突出筋の径・本数・間隔・位置が配筋図と合致していること
金物・先付部品の取付け状態	ハーフプレキャスト部材製造図との照合および目視	全数	金物・先付部品の種類・数量がハーフプレキャスト部材製造図と合致し，正確な位置に取り付けられていること
表面の仕上がり状態	目視	全数	表面仕上げの種類および状態がハーフプレキャスト部材製造図と合致し，限度見本などに基づく所要の仕上がり状態であること
かぶり厚さ	目視または非破壊試験	全数	かぶり厚さ不足の兆候が見られないこと

　ａ．ハーフプレキャスト部材の材料および部品の試験・検査は，JASS 10 の 13.4 による．

　ｂ．接合面補強筋としてのトラス筋は，上弦材，下弦材およびラチス筋により構成されており，プレキャスト複合コンクリート部材としての一体性を確保するための所要の性能を有する必要がある．本指針 4.3 において，上弦材および下弦材は JIS G 3112（鉄筋コンクリート用棒鋼）に適合するもの，ラチス筋は JIS G 3112 または JIS G 3532（鉄線）に適合するものを使用するとしている．国土交通大臣（旧建設大臣）の認定や（一財）日本建築センター（旧（財）日本建築センター）などの評定あるいは評価を受け，部材製造基準（要項・要領）が定められている場合には，それらの基準に適合しているかについても検査する．

　ｃ．ハーフプレキャスト部材の製造前および製造工程中の検査は，JASS 10 の 13.5 による．このうち，コンクリート打込み前の検査は，ハーフプレキャスト部材の検査で特に重要なものの一つである．型枠内に配筋を完了し，コンクリートを打ち込む前に，寸法・形状・配筋状況，先付部品類の種類や位置・かぶり厚さなどについての最終的な確認を徹底する必要がある．ハーフプレキャスト部材に用いるコンクリートおよびハーフプレキャスト部材コンクリートの試験・検査についても，JASS 10 の 13.5 に従う．

　ｄ．ハーフプレキャスト部材の製品検査は，目視および計測により，表 10.1 の項目および基準

により判定する．いずれの項目も部材の品質を保証する重要な検査であるので，検査の方法について統一の基準を定め，その記録を適切に保管しなければならない．また，検査の結果は，施工者より工事監理者に報告する．

（1）　検査時期

検査の時期は，ハーフプレキャスト部材を脱型した直後，検査ヤードに仮置きしたとき，貯蔵場所に貯蔵したときなどである．また，後続の作業や不合格品が出た場合の処置などを行うために専用の検査ヤードを設ける．さらに，検査後の貯蔵中に破損することも考えられるので，出荷時にあらためて目視による検査を実施する．

（2）　検査頻度

形状・寸法に関する検査項目については，同一型枠で製造された最初のハーフプレキャスト部材を必ず検査し，以降は，同一型枠で製造された10部材を1ロットとして1ロットごとに1部材を検査するのが一般的である．ただし，長期間にわたり寸法精度が安定している場合は，型枠精度の検査結果を考慮して，1ロットの部材数を増やす場合もある．

ひび割れや破損などの検査項目については，脱型後の取扱いや養生条件に関係し，個々に対応しなければならないことから，全数検査とする．

（3）　検査項目および検査方法

検査項目は，表10.1に示す形状・寸法，ひび割れ，破損，配筋状態，金物・先付部品の取付け状態，表面の仕上がり状態およびかぶり厚さである．

（ⅰ）　形状・寸法

形状・寸法に関する検査は，①辺長，②部材の厚さ，③面の反り，④面のねじれ，⑤面の凹凸，⑥辺の曲がり，⑦対角線長差などである．これらの検査方法は，JASS 10の13.5による．

（ⅱ）　ひび割れおよび破損

JASS 10の13.5による．

（ⅲ）　配筋状態およびかぶり厚さ

ハーフプレキャスト部材製造図と照合し，突出筋の径，本数，位置，間隔，長さなどが合致しているか，また，正確に配筋されているか調べる．コンクリート内部については，突出筋により配筋状態を推測する．かぶり厚さは，目視または非破壊試験により検査する．目視によりかぶり厚さ不足の兆候が見られる場合には，非破壊試験によって確認するとよい．非破壊試験の方法は，JASS 5T-608（電磁誘導法によるコンクリート中の鉄筋位置の測定方法）によるとよい．

（ⅴ）　金物・先付部品の取付け状態

ハーフプレキャスト部材製造図に示された金物・先付部品の種類，数量が正確な位置に取り付けられていることを目視または計測により検査する．

（ⅳ）　表面の仕上がり状態

ハーフプレキャスト部材の表面の仕上がり状態の検査は目視とし，はけ引き仕上げについては，はけ目通り，はけ目の目起こしを，また，金ごて仕上げについては，むら，気泡，硬化不良について観察する．面の仕上がりについては，検査員によって検査結果が左右されないような方法によ

10章　プレキャスト複合コンクリートの品質管理・検査　— 131 —

る．例えば，仕上げの種類ごとに見本を作り，それとの対比を行うなどの方法をとるとよい．

（4）　判定基準

　形状・寸法の判定基準は，ハーフプレキャスト部材の組立精度と関連付けて決定され，設計図書で定められた範囲内の値とする．検査の結果が製品規格に適合した場合は，そのロットを合格とし，不適合となった場合は，残り全数について検査を行い，製品規格に適合したものを合格とする．

10.3　ハーフプレキャスト部材の受入れおよび組立て・接合の品質管理・検査

a．ハーフプレキャスト部材の受入れ時の検査は，表 10.2 による．

表 10.2　ハーフプレキャスト部材の受入れ時の検査

項　目	試験・検査方法	時期・回数	判定基準
部材名称	目視	全数	部材名称に間違いがないこと 検査済表示があること
ひび割れ	目視またはクラックスケールなどによる実測	全数	有害なひび割れがないこと
破損	目視	全数	有害な破損がないこと
変形	目視	全数	有害な変形がないこと
金物・先付部品・先付仕上材の状態	目視	全数	金物・先付部品の種類・数量が，ハーフプレキャスト部材製造図と合致し，正確な位置に取り付けられていること 先付仕上材が適切に取付け，もしくは施工されていること
突出筋	目視	全数	有害な変形・錆がないこと
仕上がり状態	目視	全数	表面仕上げの種類および状態がハーフプレキャスト部材製造図と合致し，有害な汚れがないこと

b．ハーフプレキャスト部材の組立て後に，部材名称，部材の向きなどを確認し，施工計画書どおりに適正に組み立てられていることを確認する．

c．ハーフプレキャスト部材の組立ておよび接合の検査は，表 10.3 による

— 132 —　プレキャスト複合コンクリート施工指針　解説

表10.3　ハーフプレキャスト部材の組立ておよび接合の検査

項　目	試験・検査方法	時期・回数	判定基準
位置	スチールテープ，スケールなど	随時	設計図書に定めた位置であること 精度は JASS 10 の 13 節による
傾き	水糸，下げ振り，スロープスケールなど	随時	設計図書に定めた位置（垂直方向）であること 精度は JASS 10 の 13 節による
天端の高さ	レベルなど	随時	設計図書に定めた高さであること 精度は JASS 10 の 13 節による
ひび割れ	目視またはクラックスケールなどによる実測	全数	有害なひび割れがないこと
破損	目視	全数	有害な破損がないこと
接合部の目地	目視・スケール	全数	目地幅が設計図書に定めた値であること 精度は施工計画書による
かかり代	目視・スケール	全数	施工計画書で定めた値であること

　a．ハーフプレキャスト部材の受入れにあたっては，品質管理計画書に定めた検査項目および検査方法に従って受入検査を行い，不具合のあるハーフプレキャスト部材が誤って組み立てられないように十分に配慮する．受入れ時の検査では，部材名称（工事名，階数，部材記号・番号など），製造時の検査済表示を確認するほか，金物・先付部品の種類・数量がハーフプレキャスト部材製造図に合致して正確な位置で取り付けられていること，運搬時にハーフプレキャスト部材に有害な破損，変形，ひび割れ，汚れなどが発生していないことなどを確認する．

　ハーフプレキャスト部材に生じるひび割れが有害であるかどうかの判定は，耐久性，防水性および意匠性などの要求性能によって異なる．ハーフプレキャスト部材は，組立て後に後打ちコンクリートなどの荷重を受けることにより，受入れ時のひび割れ幅が広がるおそれがある．したがって，最終的に後打ちコンクリートと一体化されたプレキャスト複合コンクリート部材として所定のひび割れ幅の範囲内になるようにしなければならない．コンクリート構造物のひび割れ幅制御の目標値については，本会「鉄筋コンクリート造建築物の収縮ひび割れ制御設計・施工指針（案）・同解説」によるとよい．耐久性上の目標値としては 0.3 mm を超えないこと，漏水などを考慮する場合は信頼のおける資料に基づいて定めることを原則とする．防水性能上は 0.1〜0.2 mm のひび割れ幅が一つの目安となる．

　ハーフプレキャスト部材は，部材厚が小さいことが多く，運搬時に安全確保のために緊結する場合や，積み降ろしをする場合に角欠けなどの破損や変形を生じやすい．また，運搬時の天候などによりハーフプレキャスト部材に汚れが付着することもありうる．このため，運搬に際しては，部材の破損やひび割れ，汚れなどが発生しないように注意を払う必要がある．接合面に雨などによるはね返りで泥土が付着している場合，これを完全に除去しないと後打ちコンクリートとの付着を阻害したり，接合部のシーリング材の付着を阻害したりするおそれがある．また，ハーフプレキャスト

部材の突出筋は，適切な養生を行わなければ出荷までの製造工場での保管時に錆が生じたり，運搬時に変形したりするおそれがある．ハーフプレキャスト部材の受入れ時には，このような不具合がないかを検査する．意匠性については，ハーフプレキャスト部材が見えがかりになる場合やその部分によっても異なるが，意匠上問題となるような空隙，色むら，汚れなどが生じていないことを確認する．なお，不具合があった場合の補修の要否および可否の判断基準ならびに補強方法については，工事監理者と協議してあらかじめ定めておく．

b．ハーフプレキャスト部材の部材名称の中でも，部材記号・番号は，部材の形状，配筋，開口の位置，埋め込まれる設備部品の種類・位置などによって細かく分類されることが多い．例えば，床部材では，形状・配筋が同一でも設備配管用の穴や取付け用の金物の位置が1部材ごとに異なったりすることがあるので，組立て終了時に，部材名称（特に部材記号・番号），部材の向きなどを確認して誤りがないようにする．解説図10.1にハーフプレキャスト部材の組立検査の項目の例を示す．

c．ハーフプレキャスト部材の組立ての際には，各作業段階で必要な検査を行い，厳密な品質管理のもとで慎重に施工することが重要である．施工現場で組み立てられたハーフプレキャスト部材は，構造部材の断面の一部を構成しているほか，外部に面する場合には仕上げとしての性能や後打ちコンクリートの型枠としての機能も要求される．ハーフプレキャスト部材の種類，その建築物の工法，構造や仕上げの仕様，設備の仕様などにより要求される性能や精度が異なる．このため，ハ

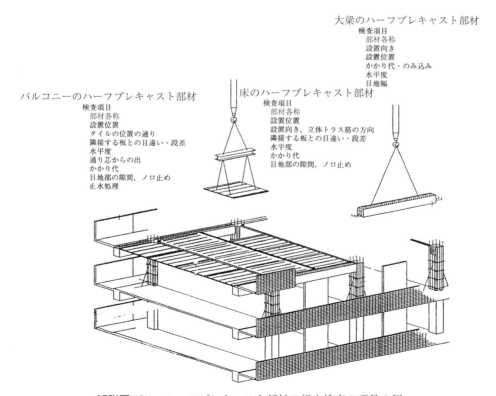

解説図10.1　ハーフプレキャスト部材の組立検査の項目の例

— 134 — プレキャスト複合コンクリート施工指針　解説

ーフプレキャスト部材の組立検査の項目，方法および判定基準については一律には定められないので，工事監理者と協議して定めるようにする．

　ハーフプレキャスト部材の組立精度に影響を与える要因には次の3つがあり，これらの精度を勘案して判定基準を決めることになる．

（1）　ハーフプレキャスト部材の寸法精度

（2）　構造体の精度

（3）　組立精度

　JASS 5 の 2.7 には，部材の位置および断面寸法の精度が規定されており，プレキャスト複合コンクリート部材の位置および断面寸法についても，この精度の範囲内に収まらなければならない．そのためには，ハーフプレキャスト部材の組立精度を確保することが重要である．ハーフプレキャスト部材の組立精度の推奨値を解説表 10.1 に示す．ここで示した許容差については，構造体に求められる性能や仕上材の種類などによっても異なるので，工事監理者と協議の上，適切な値を定める必要がある．

　ハーフプレキャスト部材の組立方法は，解説図 10.2，10.3 に示すように種々あるが，構造体の精度は，先行して組み立てられたハーフプレキャスト部材の位置の誤差および断面寸法の誤差の影響を受ける．ハーフプレキャスト部材を受けるべき構造体の誤差が許容差の範囲内であっても，ハー

解説表 10.1　ハーフプレキャスト部材の組立精度の推奨値

項　目		測定方法	許容差（mm）
柱	水平位置	基準墨とのずれをスチールテープなどで測定	±5
	倒れ	下げ振り，スロープスケール，レーザーレベルなどで測定	±5
	天端の高さ	レベル，レーザーレベルなどで測定	±5
梁	水平位置	基準墨とのずれをスチールテープなどで測定	±5
	かかり代	スケールなどで測定	±5
	倒れ	下げ振り，スロープスケール，レーザーレベルなどで測定	±5
	天端の高さ	レベル，レーザーレベルなどで測定	±5
壁	水平位置	基準墨とのずれをスチールテープなどで測定	±5
	倒れ	下げ振り，スロープスケール，レーザーレベルなどで測定	±5
	目違い・段差	ストレートエッジ，曲尺，ノギスなどで測定	1〜5（仕上げの種類による）
	傾き	下げ振り，スロープスケール，レーザーレベルなどで測定	±5
	天端の高さ	レベル，レーザーレベルなどで測定	±5
床	水平位置	基準墨とのずれをスチールテープなどで測定	±5
	目違い・段差	ストレートエッジ，曲尺，ノギスなどで測定	1〜5（仕上げの種類による）
	かかり代	スケールなどで測定	±5
	天端の高さ	レベル，レーザーレベルなどで測定	±5

フプレキャスト部材を図面上の正しい位置に取り付けようとすると、ハーフプレキャスト部材のかかり代が小さくなったり、あきが小さくなったりして、機能上問題が生じる場合も起こりうる。構造体の誤差を許容した上で、ハーフプレキャスト部材が、構造体や仕上材あるいは型枠材としての機能を発揮できるように、ハーフプレキャスト部材と取り合う部材・部品の納まりや組立方法を計画しておくことが重要である。また、施工性や経済性も考慮した実行可能な精度管理目標値としておくことも重要である。

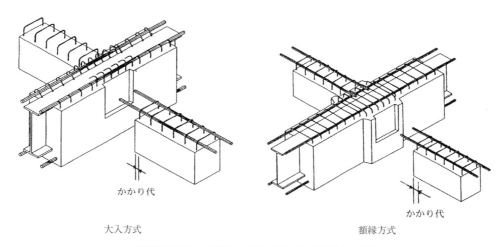

解説図 10.2 大梁と小梁の接合部の納まりの例

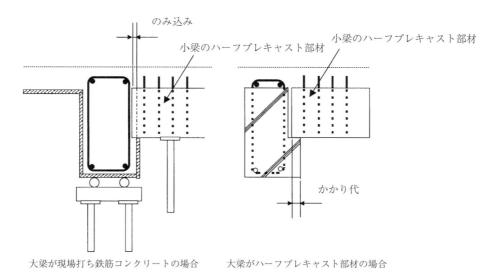

解説図 10.3 小梁を受ける部材の構造・施工方式の違いと小梁の接合方法の違いの例

　プレキャスト複合コンクリート部材の場合、ハーフプレキャスト部材を順次組み立てて部材断面の一部を構成し、後打ちコンクリートと一体となることで、最終的な部材断面寸法および位置が決定する。例えば、小梁部材や床部材をプレキャスト複合コンクリート部材とする場合、ハーフプレ

キャスト部材の寸法誤差に加えて，そのハーフプレキャスト部材を支持する柱部材や大梁部材の位置の誤差が累積されるおそれがあるので，先の工程で取り付ける部材の精度管理が重要となる．このような累積される誤差を考慮して，部材のかかり代やのみ込み長さの寸法，調整方法を決めておく必要がある．取付け前に受け側の部材にかかり代を確認するための墨出しをしておき，かかり代を取付け時に確認しやすくするなども一つの方法である．また，ハーフプレキャスト部材どうしまたはハーフプレキャスト部材と型枠とのあきを適切に設定し，精度を確保するための調整が容易にできるようにしておくことも重要である．

ハーフプレキャスト部材の組立て後には，ハーフプレキャスト部材に構造上有害なひび割れ，破損がないことを検査する．重大な不具合が発見され，部材としての機能に支障があるものは健全な部材と交換する．また，構造上有害ではないと判断されるひび割れや破損あるいはコンクリートに打ち込まれた設備部品やインサートなど構造耐力には影響がない故障・破損については，適切な補修を行うなどの処置をする．組立てが終了した後で重大な不具合が発見され，ハーフプレキャスト部材を交換する必要が生じた場合には，多くの困難がともなう．交換する部材を新たに製造しなければならず，工程上難しいことや，別の部材を転用する場合でも，部材の製造・搬入・取付け計画を大幅に変更しなければならないなど，工期，工事費に及ぼす影響が大きい．したがって，事前の検査を確実に実施するとともに，組立て時に不具合が生じないように留意することが重要となる．

床部材や壁部材の場合，ハーフプレキャスト部材の部材厚が比較的小さいことから，仮置き時の支持方法や吊上げ方法が不適切であると，ひび割れが発生することがある．このため，後打ちコンクリートの打込みに先立ち，ひび割れの有無を確認することが重要である．

解説図10.4に示すように，大梁をプレキャスト複合コンクリート部材とする場合，ハーフプレキャスト部材の受け部分となる柱上部に過大な衝撃力が加わると，ひび割れや破損を生じるおそれがある．ハーフプレキャスト部材を柱部材で直接受けずに支保工で受ける方法を採用すると，ひび割れや破損が生じにくい．また，解説図10.5に示すように小梁をプレキャスト複合コンクリート部材とする場合，ハーフプレキャスト部材の受け部分である大梁に過大な衝撃力が加わると，ひび割れや破損を生じるおそれがある．構造上有害ではないと判断されるひび割れや破損が発見された場合は，適切な補修を行い，支保工などで支持して部材に過度な荷重がかからないようにする．

ハーフプレキャスト部材どうしの接合部，ハーフプレキャスト部材と周辺の部材との接合部においては，セメントペースト等の漏れが生じないように，目地幅の検査が重要である．

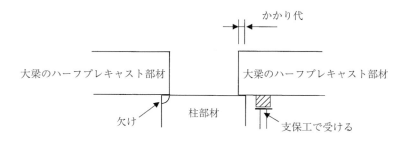

解説図10.4　大梁のハーフプレキャスト部材の架設時に柱上部にひび割れ・破損が生じる例

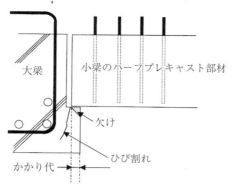

解説図 10.5 小梁のハーフプレキャスト部材の架設時に大梁にひび割れ・破損が生じる例

10.4 ハーフプレキャスト部材の支保工工事の品質管理・検査

> ハーフプレキャスト部材の支保工の材料，組立ておよび取外しの品質管理・検査は，表10.4による．
>
> **表 10.4** ハーフプレキャスト部材の支保工の材料・組立て・取外しの品質管理・検査
>
> | 項　目 | 試験・検査方法 | 時期・回数 | 判定基準 |
> |---|---|---|---|
> | 支保工・締付金物などの材料・種類 | 目視，寸法測定，品質表示の確認 | 搬入時
組立て中随時 | JASS 5 の9節の規定に適合すること |
> | 支保工の配置 | 目視およびスケールなどによる測定 | 組立て中随時および組立て後 | 施工計画書と合致し，ゆるみなどがないこと |
> | 締付金物の位置・数量 | 目視およびスケールなどによる測定 | 組立て中随時および組立て後 | 施工計画書と合致し，ゆるみなどがないこと |
> | 支保工の取外し時期 | JASS 5T-603 | 取外し前 | 6.4 の規定に適合すること |

　支保工の検査は，その材料・種類が適切なものであることを確認するとともに，再使用する場合には，その可否を検査する必要がある．(一社)仮設工業会では，仮設材の強度等の経年管理について「経年仮設機材管理基準適用工場制度」を，また，仮設材の製造時における品質と性能の確保について「仮設機材認定制度」および「仮設機材に関する承認制度」を実施しているので，これらに定めるものを使用するとよい．それ以外のものを使用する場合には，その機材の製造業者または使用者により，強度や性能および安全性について確認されたものであることが必要である．

　ハーフプレキャスト部材の支保工の特徴として，積載荷重として上階あるいはその階のハーフプレキャスト部材の重量と後打ちコンクリートの重量，さらに，場合によっては組立て時にも荷重が加わる．また，吊上げ時と支保工設置時では，ハーフプレキャスト部材に加わる荷重が反対方向になることがある．したがって，これらを考慮した施工計画書に基づいた支保工の配置および固定方法が確実に行われているか確認することが重要である．バルコニーなどの片持部材または後打ちコンクリートの打込み時の偏心荷重などについても，考慮されているか検査する必要がある．支保工の取外し時期については，6.4 に示したとおり，JASS 5 と同様である．

— 138 —　プレキャスト複合コンクリート施工指針　解説

10.5　後打ちコンクリート部分の型枠工事の品質管理・検査

> 後打ちコンクリート部分の型枠工事の検査は，JASS 5 の 11 節による．

　後打ちコンクリート部分の型枠工事の検査は，JASS 5 の 11 節に従って行う．このほか，型枠精度の目安などについては，本会「型枠の設計・施工指針」を参考にするとよい．また，ハーフプレキャスト部材間，ハーフプレキャスト部材と周辺の部材との間およびハーフプレキャスト部材とせき板の間では，セメントペーストまたはモルタルを漏出させるようなすき間やずれなどが生じていないことを確認する必要がある．

10.6　後打ちコンクリート部分の鉄筋工事の品質管理・検査

> 後打ちコンクリート部分の鉄筋工事の品質管理・検査は，表 10.5 による．

表 10.5　後打ちコンクリート部分の鉄筋工事の品質管理・検査

項　　目	試験・検査方法	時期・回数	判定基準
鉄筋工事における検査[*1]	JASS 5 の 11 節による	JASS 5 の 11 節による	JASS 5 の 11 節による
接合部補強筋の本数，長さ	目視，スケールなどによる	接合部ごと	設計図書に定められた位置および本数であること．接合部補強筋の定着長さは JASS 5 の 10 節による

[注]　＊1　鉄筋とハーフプレキャスト部材のあきを含む．

　後打ちコンクリート部分の鉄筋工事に関する品質管理・検査は，基本的に一般の鉄筋コンクリートにおける鉄筋工事の品質管理・検査と同様であり，JASS 5 による．接合部補強筋は，JIS 適合品であれば，品質管理・検査は，当該 JIS に従う．認定・評価品の場合は，その指定方法により，品質管理・検査を行う．

　後打ちコンクリート部分の鉄筋工事では，後打ちコンクリート部分の鉄筋とハーフプレキャスト部材とのあきが 8.3 の規定を満足するよう管理する必要がある．また，接合部補強筋が設計図書に示された所要の品質が確保できる配筋になっていることを確認する必要がある．

10.7　後打ちコンクリート工事の品質管理・検査

> 後打ちコンクリートの材料，使用するコンクリート，受入れ，打込み・締固めおよび養生の品質管理・検査は，JASS 5 の 11 節による．

　後打ちコンクリート工事に関する品質管理・検査は，基本的に一般の鉄筋コンクリート工事におけるコンクリート工事の品質管理・検査と同様であり，JASS 5 の 11 節による．構造体コンクリート強度の検査は，打込み日，打込み工区，かつ 150 m³ ごとに適当な間隔をあけた 3 台のトラックアジテータから 1 個ずつ採取した合計 3 個の供試体の試験結果を 1 回とし，1 回ごとに試験結果の判定を行う．後打ちコンクリートは 1 日の打込み量が比較的少なくなるが，1 日の打込み量がかな

り少ない場合には，前述の方法によらず，工事監理者の承認を得て採取方法を決めてよいとされており，その場合には，本会「コンクリートの品質管理指針・同解説」が参考となる．一方で，充填性や一体性の確保のために，後打ちコンクリートとして特殊な仕様のコンクリートを採用することもある．この場合は，JASS 5 の 12 節以降の規定を参考にするとよい．例えば，流動化コンクリートを使用する場合は，JASS 5 の 15 節に従い，ベースコンクリートおよび流動化後のコンクリートの品質管理・検査を行わなければならない．高流動コンクリートを使用する場合は，JASS 5 の 16 節に従い，荷卸し時の受入検査において随時コンクリートの状態を目視観察する必要があり，スランプフロー試験においては，フレッシュコンクリートの流動性だけでなく，試験後の状態などで材料分離抵抗性を確認する．また，受入れ時における圧縮強度の検査は，所要の強度の確保とワーカビリティ確保の観点から決まる調合管理強度のうちの大きい方に基づいて判定する．高強度コンクリートを使用する場合は，JASS 5 の 17 節に従い，構造体コンクリートの圧縮強度の検査は，打込み日，打込み工区，かつ 300 m^3 ごとに，適当な間隔をあけた任意の 3 台のトラックアジテータから採取した合計 9 個の供試体を用い，1 台のトラックアジテータから採取した 3 個の供試体の試験結果を 1 回とし，3 回の試験結果を基に判定する．

10.8 プレキャスト複合コンクリートの部材の品質管理・検査

プレキャスト複合コンクリート部材の品質管理・検査は，表 10.6 による．

表 10.6 プレキャスト複合コンクリート部材の品質管理・検査

項 目	試験・検査方法	時期・回数	判定基準
後打ちコンクリートの強度	JASS 5 の 11 節による	JASS 5 の 11 節による	JASS 5 の 11 節による
ハーフプレキャスト部材コンクリートの強度	JASS 10 の 13 節による	JASS 10 の 13 節による	JASS 10 の 13 節による
ハーフプレキャスト部材と後打ちコンクリートの一体性	非破壊試験，コアまたは小径コア採取検査などによる	随時	ハーフプレキャスト部材と後打ちコンクリートとの間に空隙などの欠陥が存在しないことが確認できること
プレキャスト複合コンクリート部材の位置・寸法	スチールテープ，スケール，水糸，下げ振り，水準器などによる	随時	設計図書に適合していること．位置・寸法の精度は，JASS 5 の 11 節による
ひび割れ・破損・その他	目視，クラックスケールなどによる	随時	有害なひび割れ・破損がないこと．美観上支障のないこと．
コンクリート表面の仕上がり状態	目視による	随時	JASS 5 の 11 節による
仕上がりの平たんさ	JASS 5T-604 またはレベル，水準器などによる	随時	JASS 5 の 11 節による

プレキャスト複合コンクリートにおける後打ちコンクリートについては，一般の鉄筋コンクリート工事と同様に，JASS 5 の 11 節に従って構造体コンクリート強度の検査を実施する．また，ハーフプレキャスト部材コンクリートの強度は，JASS 10 の 13 節に従って検査する．

プレキャスト複合コンクリート工事では，ハーフプレキャスト部材と後打ちコンクリートの一体性の確保が重要である．すなわち，ハーフプレキャスト部材と後打ちコンクリートとの間に空隙などの欠陥が存在せず，ハーフプレキャスト部材と後打ちコンクリートが十分に一体化していなければならない．このため，実際の工事に先立ち，後打ちコンクリートがハーフプレキャスト部材との間に有害な空隙を生じることなく隅々まで密実に充填され，両者が一体化することを実験または信頼できる資料により確認しておく必要がある．また，後打ちコンクリートの打込みに際しては，ハーフプレキャスト部材内へ確実に充填されたことを目視により確認した上で，次の打込みに進むことがプレキャスト複合コンクリート工事の原則である．後打ちコンクリートの打込み終了後は，ハーフプレキャスト部材と後打ちコンクリートの一体性を確認する．この時，後打ちコンクリートの打込み後は，内部の後打ちコンクリート部分が表面に露出しないこと，すなわち，後打ちコンクリートの充填状況を外部より目視で容易に確認できないことを念頭において検査方法を講じなければならない．

検査方法としては，対象箇所からコア供試体や小径コア供試体を採取する方法，または表面のハーフプレキャスト部材を介して内部を非破壊的に検査する方法などが考えられる．コンクリート部材内部の空隙などの状況を評価できる可能性のある非破壊検査手法としては，電磁波レーダ法，超音波トモグラフィ法，衝撃弾性波法，赤外線サーモグラフィ法などが挙げられる．解説表 10.2 に代表的な非破壊検査方法の概要と特徴を示す．

解説表 10.2　ハーフプレキャスト部材と後打ちコンクリートの一体性の非破壊検査方法

検査方法	概　要	特　徴
電磁波レーダ法	コンクリート内部にアンテナを移動させながら電磁波を透過させ，空隙部分で反射した電磁波の反射時間，位置などから空隙の位置や深さを推定する．鉄筋探査の方法として一般に適用されている．	・装置が比較的簡便で普及している ・深さ 30～200 mm 程度が適用範囲である ・配筋の奥側の空隙は評価できない場合もある．
超音波トモグラフィ法	複数の超音波センサーで同時に発振および受振を行い，超音波の透過経路の最適解を求め，コンクリート内部の空隙や欠陥部分を推定する．	・比較的簡易な装置もあるが，一般に普及はしていない． ・コンクリートの品質のばらつき，部材端部の反射の影響などを受ける．
衝撃弾性波法	部材の表面を鋼球等によって打撃し，打撃位置やセンサーの位置を移動させ，打撃によって生じた弾性波の伝播時間，周波数分析により内部空隙や欠陥の有無・位置を推定する．	・土木分野では内部欠陥の検査手法として適用事例が多い． ・コンクリートの品質のばらつき，部材端部の反射の影響などを受ける．
赤外線サーモグラフィ法	部材の表面をヒーター等によって加熱し，表面温度やその温度変化などから，部材内部の空隙の位置や深さなどを推定する．強制加熱を行う場合はアクティブサーモグラフィとも呼ばれる．	・非接触で広い範囲の検査が可能である． ・空隙が深部にある場合には測定に時間を要したり，空隙の検出精度が低下する．

各種の非破壊検査方法が提案されているが，それらの適用性を調べるため，プレキャスト複合コンクリート部材の内部に空隙が存在する状況を模擬した試験体（以下，PC 試験体という）を用いて，空隙の検出の可否を調べた実験[1])について紹介する．PC 試験体は，解説図 10.6 に示すように，縦 600×横 600×厚さ 200 mm であり，厚さ 50 mm のハーフプレキャスト部材（設計基準強度：36 N/mm^2）と厚さ 150 mm の後打ちコンクリートを一体化させたものである．PC 試験体 1 では，ハーフプレキャスト部材と後打ちコンクリートの境界面かつ鉄筋交差部の下に，空隙が存在する．PC 試験体 2 では，後打ちコンクリート内部の 2 か所に空隙が存在する．

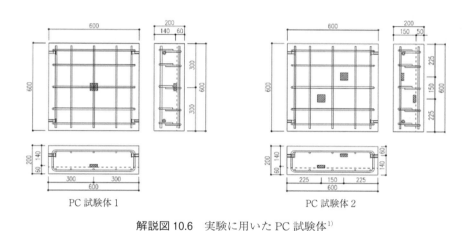

解説図 10.6 実験に用いた PC 試験体[1])

実験で対象とした非破壊検査方法は，解説表 10.2 に示した電磁波レーダ法，超音波トモグラフィ法，衝撃弾性波法および赤外線サーモグラフィ法（アクティブサーモグラフィ法）の 4 つである．検査は，各方法による調査に精通した技術者が実施した．

解説図 10.7 に，電磁波レーダ法による PC 試験体 1 の検査結果を示す．本実験で用いた電磁波レーダ法では，50 mm 間隔で設定した複数の測線のデータからソフト上の解析によって三次元的に表現している．上図は深さ 150 mm（空隙深さ）の画像であり，空隙が中央部に表現されている．また，電磁波レーダ法では，空隙部は A モード波形（下図の反射波の時間波形）が負の位相の波形として現れており，測線データからも空隙の存在が確認できる．ただし，空隙が鉄筋の直下にあるようなケースでは，鉄筋による波形の反射によって空隙の検出は難しくなることが予想される．

解説図 10.8 に，超音波トモグラフィ法による PC 試験体 1 の検査結果を示す．深さ 50, 100, 150 mm における画像を示しており，深さ 50 mm では鉄筋の存在が，深さ 150 mm では中央部に空隙のような変質部が現れている．明瞭さに欠けているが，本方法は部材厚さの適用範囲が 200 mm 以上となっていることから，本実験の PC 試験体のように部材厚および縦横のサイズが小さい場合では，超音波の反射経路が複雑になったことなども影響したと考えられる．

解説図 10.9 に，衝撃弾性波法による PC 試験体 2 の検査結果を示す．右上と左右に空隙と思われる箇所が確認できるが，いずれも明瞭ではなかった．衝撃弾性波法は，超音波トモグラフィ法以上に反射波の影響を受けるため，本実験に用いた PC 試験体のサイズでは十分な評価ができておら

— 142 —　プレキャスト複合コンクリート施工指針　解説

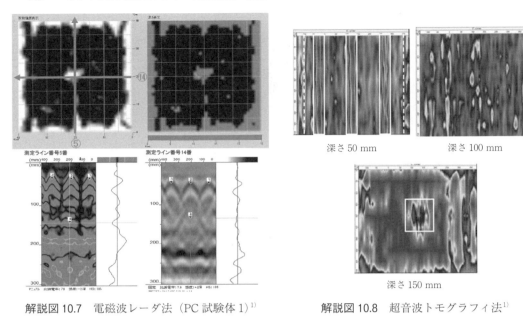

解説図 10.7　電磁波レーダ法（PC試験体1）[1]

解説図 10.8　超音波トモグラフィ法[1]

解説図 10.9　衝撃弾性波法（PC試験体2）[1]

解説図 10.10　赤外線サーモグラフィ法（PC試験体2）[1]

ず，実部材レベルでの検証が必要と考えられる．

　解説図10.10に，赤外線サーモグラフィ法によるPC試験体2の検査結果を示す．本実験で用いた手法は，PC試験体を加熱し，熱拡散を解析することにより空隙位置を推定するものである．下図のように空隙の存在は確認できるが，境界部が明瞭ではないこと，試験開始からこの結果が得られるまでに2時間程度を有していることから，深部に存在する空隙検査への適用は難しく，表層部

に存在する空隙の検査に適用が限られると考えられる.

　以上のように，いずれの非破壊検査手法にも特徴があり，実務への導入の可能性は認められるが，小型の試験体を用いた実験では，十分な検査精度を実証するまでには至らなかった．したがって，これらの非破壊検査を適用する場合は，あらかじめ実施工現場および実部材レベルでの検証実験を行い，十分な検査精度が得られることを確認しておく必要がある．また，単一の非破壊検査手法だけでは検査精度に懸念が残る場合には，特徴が異なる複数の非破壊試験方法を組み合わせる，コア供試体や小径コア供試体を採取する方法を併用するなどにより，確実な検査を行う必要がある．

　プレキャスト複合コンクリート部材の位置，寸法の精度は，JASS 5 の 11 節に従うこととしている．JASS 5 では，構造体の位置および断面寸法の許容差として解説表 10.3 の標準値が示されている．

解説表 10.3　構造体の位置および断面寸法の許容差の標準値（JASS 5 の 2 節表 2.1）

項　目		許容差（mm）
位　置	設計図に示された位置に対する各部材の位置	±20
構造体および部材の断面寸法	柱・梁・壁の断面寸法	−5，+20
	床スラブ・屋根スラブの厚さ	
	基礎の断面寸法	−10，+50

　コンクリート表面の仕上がり状態については，JASS 5 の 11 節に従って，目視により確認する．仕上がりの平たんさは，JASS 5T-604 またはレベル等によるとしているが，レーザーレベル等を用いて測定することが多い．なお，JASS 5 では，コンクリートの仕上がりの平たんさとして解説表 10.4 の標準値が示されている．

解説表 10.4　コンクリートの仕上がりの平たんさの標準値（JASS 5 の 2 節　表 2.2）

コンクリートの内外装仕上げ	平坦さ（凹凸の差）（mm）
仕上げ厚さが 7 mm 以上の場合，または下地の影響をあまり受けない場合	1 m につき 10 以下
仕上げ厚さが 7 mm 未満の場合，その他かなり良好な平たんさが必要な場合	3 m につき 10 以下
コンクリートが見え掛りとなる場合，または仕上げ厚さがきわめて薄い場合，その他良好な表面状態が必要な場合	3 m につき 7 以下

参 考 文 献

1）　荒金直樹，濱崎仁，杉山央：プレキャスト複合コンクリート部材の内部空隙の探査手法に関する研究，日本建築学会大会学術講演梗概集，pp. 903-904, 2018.9

付　　録

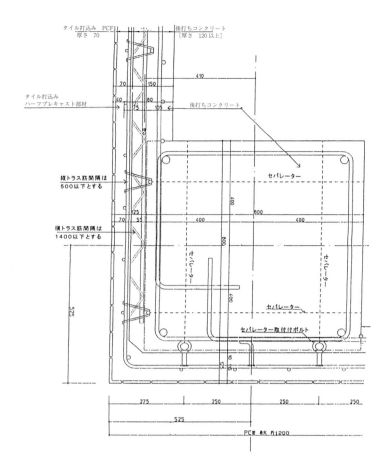
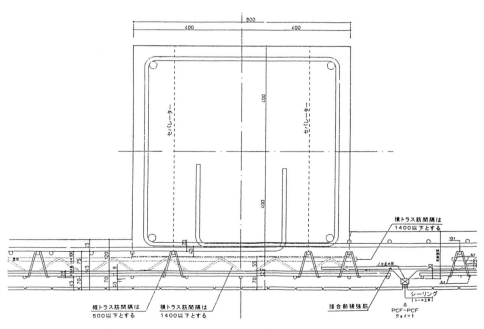

付図1　壁のハーフプレキャスト部材と柱との取合いの例

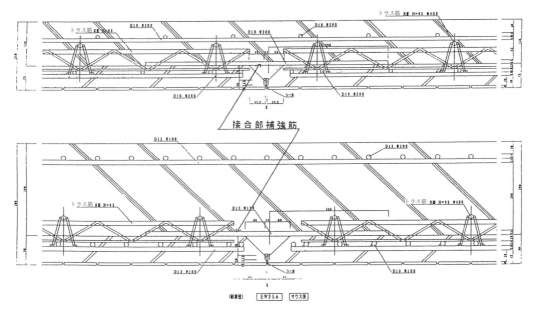

付図2　壁のハーフプレキャスト部材の例

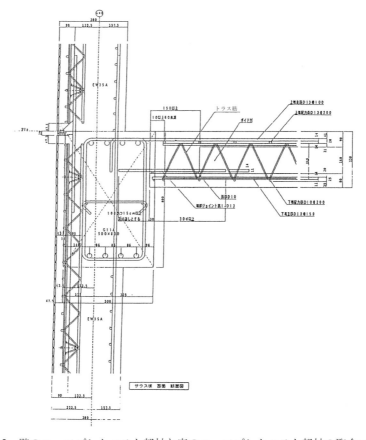

付図3　壁のハーフプレキャスト部材と床のハーフプレキャスト部材の取合いの例

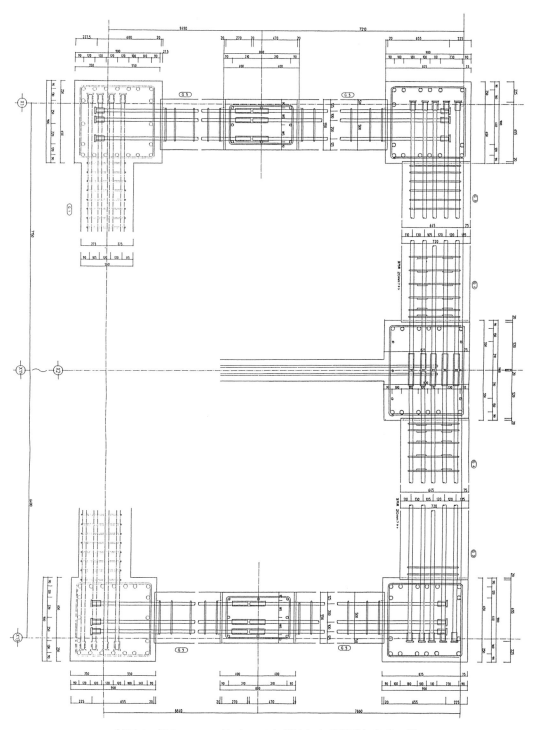

付図4　梁のハーフプレキャスト部材および継手と定着の例

—148— 付　録

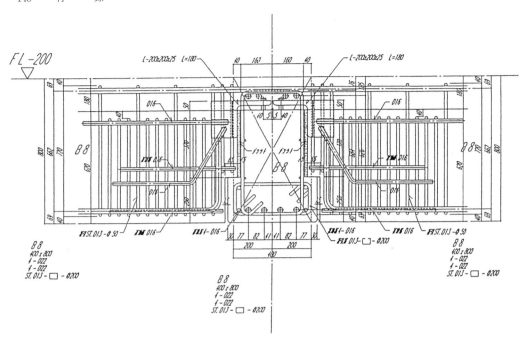

付図5　小梁のハーフプレキャスト部材と大梁の取合いの例

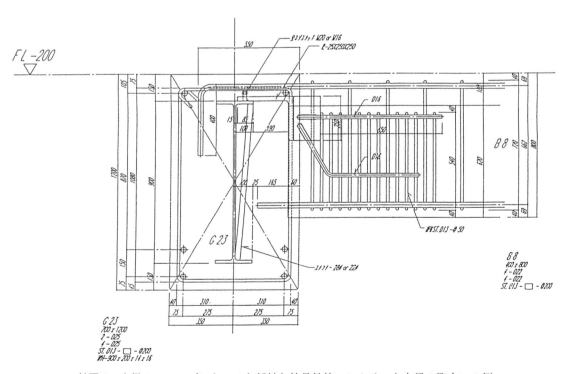

付図6　小梁のハーフプレキャスト部材と鉄骨鉄筋コンクリート大梁の取合いの例

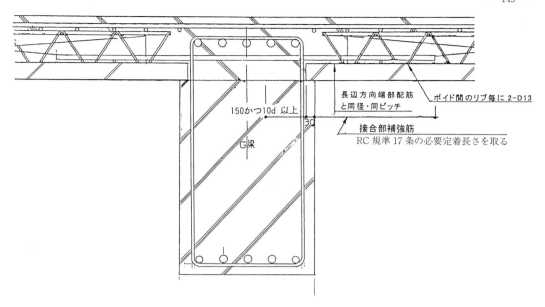

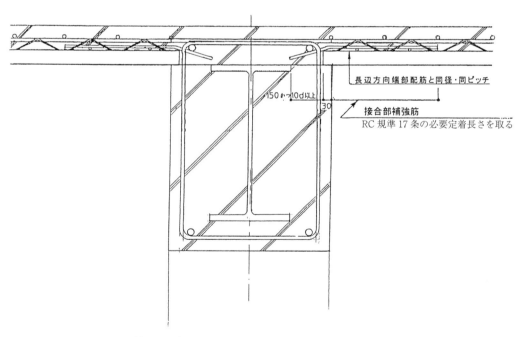

付図7 床のハーフプレキャスト部材と梁の取合いの例

—150— 付　録

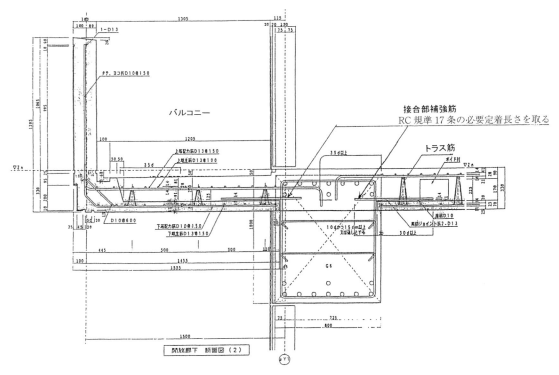

付図8　バルコニー付きハーフプレキャスト部材の取付けの例

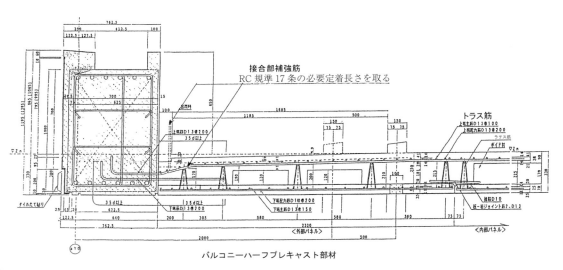

付図9　梁付きバルコニーハーフプレキャスト部材の取付けの例

プレキャスト複合コンクリート施工指針・同解説

2004 年 4 月 25 日　第 1 版第 1 刷
2019 年 10 月 25 日　第 2 版第 1 刷

編　集
著作人　一般社団法人　日本建築学会

印刷所　三美印刷株式会社

発行所　一般社団法人　日本建築学会

108-8414 東京都港区芝 5 - 26 - 20
電　話・(03) 3456-2051
ＦＡＸ・(03) 3456-2058
http://www.aij.or.jp/

発売所　丸善出版株式会社

101-0051 東京都千代田区神田神保町2-17
神田神保町ビル
電　話・(03) 3512-3256

© 日本建築学会 2019

ISBN978-4-8189-1085-0 C3052